外套设计·制版·工艺

蒋筱筱 主编 高阳会 林永清 蔡丽婧 副主编

WAITAO SHEJI ZHIBAN GONGYI

浙江工商大学出版社
ZHEJIANG GONGSHANG UNIVERSITY PRESS

图书在版编目（CIP）数据

外套设计·制版·工艺/蒋筱筱主编.—杭州：
浙江工商大学出版社,2014.6（2015.2重印）
ISBN 978-7-5178-0558-8

Ⅰ.①外… Ⅱ.①蒋… Ⅲ.①服装设计—教材②服装
量裁—教材 Ⅳ.① TS941.2 ② TS941.631

中国版本图书馆 CIP 数据核字（2014）第 141513 号

外套设计·制版·工艺

蒋筱筱　主　编　高阳会　林永清　蔡丽婧　副主编

策划编辑	谭娟娟	
责任编辑	梁春晓　尤锡麟	
封面设计	王妤驰	
责任印制	包建辉	
出版发行	浙江工商大学出版社	
	（杭州市教工路 198 号　邮政编码 310012）	
	（E-mail: zjgsupress@163.com）	
	（网址：http://www.zjgsupress.com）	
	电话：0571-88904980，88831806（传真）	
印　　刷	绍兴虎彩激光材料科技有限公司	
开　　本	787mm×1092mm　1/16	
印　　张	9.25	
字　　数	172 千	
版印次	2014 年 6 月第 1 版　2015 年 2 月第 2 次印刷	
书　　号	ISBN 978-7-5178-0558-8	
定　　价	25.00 元	

目录

项目一 女外套设计·制版·工艺

【项目描述】

卡丝利蔓公司与我校合作，共同开发明年春秋女外套系列作品。为了能更好地与企业合作，形成校企联盟，共同培养学生，锻炼学生独立完成产品的设计、制版和工艺流程的能力，我们进行了多方面的探讨和研究，制订了本项目方案。

【项目分析】

本项目由女外套的设计、女外套的制版和女外套的工艺三个大任务组成。任务一介绍女外套的概念与演变、女外套的种类与风格和女外套的设计手法。任务二女外套的结构设计由正装女外套、休闲女外套和运动女外套的结构设计三个子任务组成。任务三女外套的缝制工艺主要讲述了其中一款休闲女外套的缝制工艺。

【项目目标】

1. 知识和技能目标：了解女外套的概念和演变、种类与风格；理解女外套的结构制图原理和重难点；掌握女外套的设计手法、结构设计和缝制工艺等。

2. 情感目标：通过女外套项目教学，使学生系统地了解服装产品的设计、制版和工艺的流程，让学生做到心中有数，在面对就业时更有自信，能更好地融入今后的工作。

【项目实施】

任务一 女外套的设计

子任务一 女外套的介绍

一、女外套的定义

女外套泛指一切套在衬衫、毛衫或其他形式的上衣外面，与裙、裤配合着穿的服装形式，现在也有许多女外套不穿在其他衣服之外，而是直接贴身穿着。广义地说，女外套即指成套的外穿服饰，以上装与下装组合搭配的款式出现，常见的有两件套和三件套，即上衣加裤子或上衣加裙子的两件套，在此基础上再加上背心就是三件套；狭义地说，女士外穿衣服的上衣，即女外套。本书讲解的内容

图 1-1-1 女外套

就是狭义上的女外套上衣，不涉及与之配套的裤子、裙子和背心。（图 1-1-1）

现代意义的女装外套是由男装外套演变而来。首先，要在男装外套基础上实现女装外套标准款式的转换，廓型由男装的四开身 H 型转化为六开身 X 型，将突出女性腰臀曲线的六开身 X 型作为基本款向两端发展，实现一款多板，如 H 型、Y 型、大 X 型以及 A 型等，从而形成板型系列。还要注意具体的细节处理，门襟要从男装的左搭右变为女装的右搭左，衣长、下摆、袖长、后身开衩、手巾袋等元素有所调整后变为女装元素。其次，所有外套的廓型变化不受男装限制，都可细分为合体型、宽松型、斗篷型。其可变元素拆解后分为领型、门襟、衣长、袖型、口袋等几大元素，根据衣长可分为短外套、半长外套、中长外套和长外套等形式，袖型从装袖到连身袖全程变化。从整体到局部，女装外套设计中元素流动的自由度远远大于男装。

二、女外套的种类

（一）按女外套的长度划分

1.按女外套衣身的长度划分

（1）超短外套：超短外套及短坎肩外套是女性的短外套之一，休闲轻便，前襟可敞开，是年轻女性夏季喜爱的短外套品种，常与吊带衫、连衣裙等组合穿着。（图1-1-2）

（2）短外套：短外套的长度一般在腹部到臀部之间。通常与合体裙装或宽松长裤搭配，显得优雅、端庄；也可搭配短裤、休闲裤等，体现女子的青春帅气。（图1-1-3）

（3）中长外套：中长外套，即衣长在臀部以下的女外套。中长外套是春秋季常见的外套种类，其长度一般在臀围下10cm左右，它兼具防寒、保暖的各种功能。跟随流行的脚步，中长外套也被用于夏季透明遮阳装、冬季带帽装。（图1-1-4）

图1-1-2　超短外套　　　　图1-1-3　短外套　　　　图1-1-4　中长外套

（4）长外套：常指衣长及膝的女外套。长外套一般被设计成秋天的风衣或冬天的大衣。近几年，随着服装面料与制作水平的不断提高，女长外套以各种羽绒服、毛呢大衣、皮革制品等多种形式出现。（图1-1-5）

（5）超长外套：常指衣长在小腿肚至踝关节之间的女外套。超长外套在穿搭时不仅仅散发出复古的韵味，还能够让你看上去更显率性与神秘。无论是帅气十足的干练简洁型风衣或是女人味十足的优雅超长外套，或是复古个性的呢质长款大衣，都能让你在这个冬天变身最有型的搭配达人。（图1-1-6）

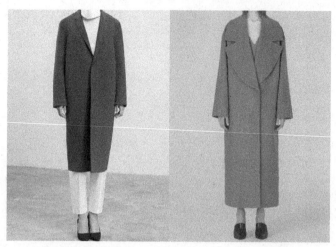

图 1-1-5 长外套　　　　图 1-1-6 超长外套

2.按女外套袖子的长度划分

（1）无袖外套：无袖外套以前常见于马甲、背心一类的服装，近几年常见以无袖西装的形式出现在流行时尚中。无袖外套一般有合体型和紧身型两种。（图1-1-7）

（2）短袖外套：短袖外套可根据不同的袖长分成中袖、中长袖、七分袖等各种款式，短袖外套在原本严谨、端庄的职业西服外套上派生出更加自由、舒适的着装方式，使其穿着范围更广，适合年龄范围也更大，为现代女性较喜爱的外套形式，配以不同的衣长，体现出不同的女性风范。（图1-1-8）

（3）长袖外套：长袖外套一般指袖长到手腕的外套，实用性强，是较为常见的女外套形式，此形式的女外套穿着场合最广，既可以是正式的交际场合，也可以是休闲运动的场合。（图1-1-9）

图 1-1-7 无袖外套　　　　图 1-1-8 短袖外套　　　　图 1-1-9 长袖外套

（二）按女外套适体度划分

（1）宽松型外套：在一些运动、休闲类的外套中，宽松型外套较为常见，一般不考虑胸腰差。对腰部的放宽，使女性得到更为自由的活动量，也能更好地体现出现代生活方式的轻松与惬意。（图1-1-10）

（2）合体型外套：合体型外套是女外套中常见的款式，利用合理的分割裁剪方法，注重展示女性体态，往往给人带来温柔知性的都市女性形象。设计合体型女外套时，可以根据款式需要改变服装的下摆、肩部等廓型，以增添时尚感。（图1-1-11）

（3）紧身型外套：紧身型外套的特点是外套与人体的间隙量小，突出女性曲线美。紧身型外套是女性较喜欢的一种款式，它可以充分地展现女性的身材，同时对身材要求也较高。（图1-1-12）

图1-1-10　　　　　　　图1-1-11　　　　　　　图1-1-12
宽松型外套　　　　　　合体型外套　　　　　　紧身型外套

（三）按女外套的风格划分

女外套的风格，是指一件女外套所表现出的主要的思想特点和艺术特点。应该说，每件衣服都有与众不同的风格特点。服装的风格是指一个时代、一个民族、一个流派或一个人的服装在其形式和内容方面所显示出来的价值取向、内在品格和艺术特色。服装设计追求的境界说到底是风格的定位和设计，因此女外套的风格也同样需要表现出设计师独特的创作思想和艺术追求，并反映出鲜明的时代特色。总的来说，服装的风格有以下8种类型：

1. 前卫的运动的风格

前卫的运动的风格，也称摩登风格。这类风格的服装款式新奇怪异、色彩艳丽奇特，能给人以不拘一格或是与众不同感受。前卫风格服装与摩登风格服装虽然同属一类，但两者在表现强度上还有不同。前卫风格服装往往表现得更加大胆，常常给人一种放荡不羁的感觉；摩登风格服装往往表现得极具个性，常常给人一种标新立异和现代感很强的感觉。穿着前卫风格服装的人，多是喜欢以自己为中心的个性极强的年轻人。（图 1-1-13）

2. 经典的优雅的风格

经典的优雅的风格的服装，是指造型简练、大方并极富韵致，款式整体感强且不失浪漫，色彩大多单纯、沉静，能给人以高贵、成熟、高雅感受的服装。优雅风格的服装并非轻易就可做成，而是设计、面料、制作工艺等方面均达到一定境界之后的产物。穿着优雅风格服装的人，以经济条件较好的中年女性为主。（图 1-1-14）

3. 传统的古典的风格

传统的古典的风格的服装，是指款式庄重保守、色彩尊重传统，能给人以怀旧或是古朴感受的服装。古典风格服装与传统风格服装也有一些差异，古典风格服装往往是带有一定民族特色或具有传统服装典范的某些特征的服装，常常给人一种古色古香和典雅高贵的感觉；传统风格服装往往是与现代风格服装相对而言的，常常给人一种十分正统保守或是古风依旧的感觉。穿着古典风格服装的人，多是有怀旧情感的人。（图 1-1-15）

图 1-1-13
前卫的运动的风格

图 1-1-14
经典的优雅的风格

图 1-1-15
传统的古典的风格

4. 现代的时尚的风格

现代的时尚的风格，也称休闲风格。这类风格的服装是指造型随意、自然并松散舒适，款式装饰感强且不失功效，色彩大多沉稳、含蓄，给人以亲切、舒适、活泼感受的服装。休闲风格的服装主要是指服装的风格倾向，并非是指具有休闲风格的款式。穿着休闲风格的服装，不限男女老少。（图 1-1-16）

5.女性化的浪漫的风格

女性化的浪漫的风格的服装，是指造型柔和、细腻、流畅，款式多用飞边、缎带、垂褶来装饰，色彩多以粉红、桃红、淡黄等为主，能给人以清纯、浪漫或梦幻感受的服装。女性化风格的服装十分注重装饰和情趣，非常强调服装的女性特征。在设计上，常常推崇服装的柔美、可爱和性感的表现。穿着女性化风格服装的人，以浪漫主义的女性为主。（图1-1-17）

图 1-1-16　现代的时尚的风格　　图 1-1-17　女性化的浪漫的风格

6.男性化的干练的风格

男性化的干练的风格的服装，是指造型简洁、硬朗、棱角分明，款式单纯，少有装饰，色彩多以沉稳的中性色为主，能给人以男子气十足或是女强人感受的服装。男性化风格的服装主要是对女装而言的，是指女装中的男性化倾向，并非是男装的直接穿着。在设计上，常常吸收男装的一些形象特征，力求体现柔中有刚的视觉效果。穿着男性化服装的人，以工薪阶层的中青年女性为主。（图1-1-18）

7.乡村的自然的风格

乡村的自然的风格，也称田园风格。这类风格的服装是指面料多用棉、麻等天然纤维，色彩多以白、黄、褐、绿等自然色为主，造型松散、自然，并能给人以朴素、温和或悠闲感受的服装。乡村风格的服装十分注重手工制作的别样感受，非常强调朴素、自然的服饰品的搭配。在设计上，常常推崇人与自然的和谐统一、心向大自然的回归以及环境保护等理念。穿着乡村风格服装的人，多以城市中的中青年知识女性为主。（图1-1-19）

8.都市的职业的风格

都市的职业的风格，是指造型简洁、干练，装饰素雅、清晰、富于情趣，色彩清淡、恬静、沉着，能给人以端庄、秀丽或时尚感受的服装。都市风格的服装十分注重服装的内涵和品位，非常强调服装的合体、档次和流行。在设计上，常常推崇服装的品牌效应、服装的新鲜感以及是否符合穿着者的身份和地位等因素。穿着都市风格服装的人，主要以城市中各阶层的青年、中老年人为主。（图1-1-20）

图 1-1-18
男性化的干练的风格

图 1-1-19
乡村的自然的风格

图 1-1-20
都市的职业的风格

不同的甚至是相反的设计风格之间是可以相互融合、穿插的。一种好的设计风格往往是多种风格的综合，它总会以一种风格为主，融入其他各种各样的风格形态。主体风格越明确，占的比重越大，产品的整体风格就会越突出。辅助风格融入得越多，虽各自占有的比重不大，但种类繁多，使产品整体风格的内涵越丰富。相近风格的融汇可以增加产品风格的细腻程度，而相反风格的交融则会突出产品的个性，它对设计师的设计水平要求较高，但效果往往不凡。图1-1-21就显示了各种风格之间相近、相对的关系。

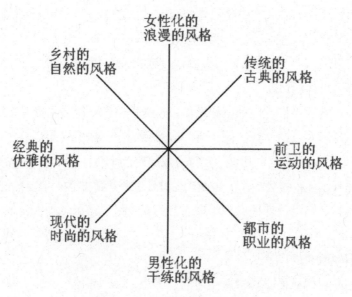

图 1-1-21　不同风格之间的关系

（四）按穿着季节划分

季节的不同使服装的款式、色彩都有所不同。大部分服装企业在进行女装产品的开发时都是以季节进行划分的，一般分为春夏（S/S）和秋冬（A/W）两个大系。

在女外套的设计过程中，设计者应根据季节、穿着场合不同，以及人们基于情感对服装色彩及面料的喜好做出选择。对于大型的成衣公司，秋冬系列要开发200款左右的新款，春夏系列要开发160款左右的新款，而每个系列又要确保各个色系有20~100款。春夏女外套可以用明度高的浅色作为主色系；秋冬女外套则常以明度低的深色作为主色系。

1.春夏系列（S/S）

从季节上看，春夏两个季节是万物复苏、春暖花开的季节。在这两个季节中，人们所穿着的女外套受到季节的影响，面料多以轻薄柔和的丝、棉等面料为主，色彩丰富，款式上多种多样，长短不一。（图1-1-22）

2.秋冬系列（A/W）

图1-1-22　春夏系列

由于这个季节的天气逐渐由暖变冷，所以为了保暖，人们穿着的外套多采用厚实、挡风的毛、呢类面料，色彩以沉稳的颜色为主，款式以长款为主。但近年也出现了反季节的穿着方式，秋冬系列也有短袖短外套的出现。（图1-1-23）

图 1-1-23　秋冬系列

子任务二　女外套的设计

　　本书将女外套设计分为正装女外套、休闲女外套和运动女外套三大块内容，设计部分我们将对这三大块内容的设计特点进行系统的学习。

一、正装女外套的设计

（一）正装女外套的概述

　　关于正装女外套，本书主要讲述女西装，图1-1-24 的女西装广泛应用于正式的职业场合。最初，男装三件套被女士采用作为骑马服、运动服而流行，但是仍沿用男装的裁剪和缝制方法。直到第二次世界大战结束，法国设计师推出了 H 型和 X 型的女西装。随着突出女性曲线廓型和具有柔美特性面料的应用，女西装的结构设计和制作工艺逐渐形成了其独立的体系。设计中还要注意具体的细节处理，门襟要从男装的左搭右变为女装的右搭左，衣长、下摆、袖长、后身开衩、手巾袋等元素有所调整后变为女装元素。（图1-1-25）

图 1-1-24　女西装

男西装基本款　　　　　　　　女西装基本款

图 1-1-25　男西装演变到女西装

（二）正装女外套的设计

1. 女西装廓型的变化设计

版型是西装品质的一个重要指标。六开身 X 型结构为西装基本廓型，在此基础上运用纸样设计原理，可以实现八开身大 X 型、四开身小 X 型、三开身 H 型、Y 型和 A 型等设计。

(1) 六开身 X 型西装基本廓型。

（图 1-1-26）

(2) 八开身大 X 型女西装。

（图 1-1-27）

(3) 四开身小 X 型女西装。

（图 1-1-28）

(4) 三开身 H 型女西装。

（图 1-1-29）

(5) Y 型女西装。（图 1-1-30）

图 1-1-26
六开身 X 型西装基本廓型

图 1-1-27　八开身大 X 型女西装　　　　图 1-1-28　四开身小 X 型女西装

图 1-1-29　三开身 H 型女西装　　　　图 1-1-30　Y 型女西装

（6）A 型女西装。（图 1-1-31）

（7）伞型女西装。（图 1-1-32）

图 1-1-31　A 型女西装　　　　图 1-1-32　伞型女西装

2. 女西装领型的变化设计

女西装的基本领型有青果领、戗驳领和平驳领。（图 1-1-33）

青果领　　　　戗驳领　　　　平驳领

图 1-1-33　女西装的基本领型

女西装领型属于驳领系统，任何一种驳领型都可以通过改变领角大小、串口线升降和倾斜度状态、驳领宽度、驳点高低展开设计，得到更为细腻的系列设计。本节以平驳领为例进行西装领的变化设计。

(1)驳领长度的变化。（图1-1-34）

图1-1-34　驳领长度的变化

(2)直开领长度的变化。（图1-1-35）

图1-1-35　直开领长度的变化

(3) 串口线斜度的变化。（图 1-1-36）

图 1-1-36　串口线斜度的变化

(4) 翻领宽度和驳领宽度的变化。（图 1-1-37）

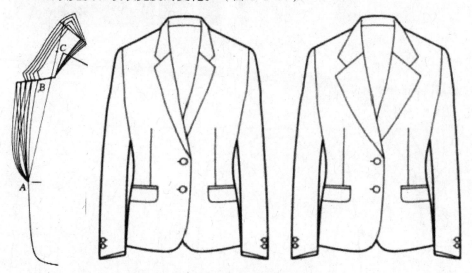

图 1-1-37　翻领宽度和驳领宽度的变化

（二）女西装口袋的变化设计（图 1-1-38）

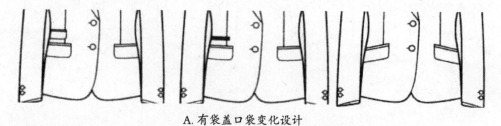

A. 有袋盖口袋变化设计

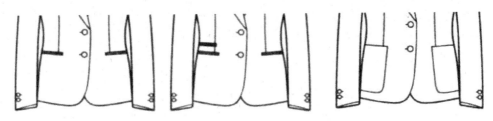

B. 双嵌线口袋变化设计　　　　　　　　　　　C. 贴袋

图 1-1-38　女西装口袋的变化设计

（三）女西装袖子的变化设计

女西装的袖型多以装袖为主，所以本章节主要以装袖为代表进行设计。（图 1-1-39）

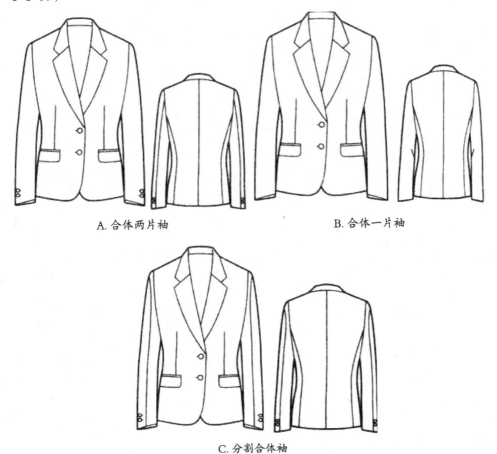

A. 合体两片袖　　　　　　　　　B. 合体一片袖

C. 分割合体袖

图 1-1-39　女西装袖子的变化

（四）女西装门襟的变化设计

女西装的门襟形式有单排扣、双排扣、明门襟、暗门襟、偏门襟等，随着门襟的变化，纽扣的个数也相应变化。

1. 单排扣（图 1-1-40）

A. 两粒单排扣　　　　　　B. 三粒单排扣　　　　　　C. 四粒单排扣

图 1-1-40　单排扣的设计

2. 双排扣（图 1-1-41）

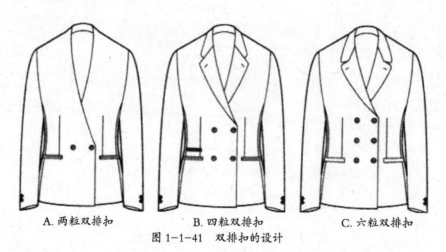

A. 两粒双排扣　　　　　　B. 四粒双排扣　　　　　　C. 六粒双排扣

图 1-1-41　双排扣的设计

3. 偏门襟（图 1-1-42）

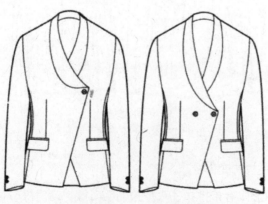

A. 一粒扣偏门襟　　　　　B. 两粒扣偏门襟

图 1-1-42　偏门襟的设计

二、休闲女外套的设计

（一）休闲女外套的概述

休闲装，俗称便装，它的覆盖范围很广，日常穿着的夹克衫、运动装、家居装，以及把正装稍作改进的休闲风格的时装都属于休闲装。它是人们在无拘无束、自由自在的休闲生活中穿着的服装，将简洁自然的风貌展示出来。总之，凡有别于严谨、庄重的服装，都称为休闲装。休闲装一般可以分为青春型休闲装、典雅型休闲装、运动型休闲装、浪漫型休闲装、牛仔类休闲装、针织类休闲装等。

（二）休闲女外套的设计

1. 青春型休闲女外套（图 1-1-43）

通常设计新颖、富有活力，衬托出穿着者的个性。

图 1-1-43　青春型休闲女外套

2. 典雅型休闲女外套（图 1-1-44）

追求悠闲的生活情调，服饰轻松、高雅、富有情趣。

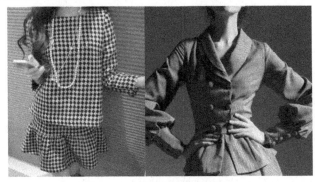

图 1-1-44　典雅型休闲女外套

3. 运动型休闲女外套（图 1-1-45）

将运动装改良为休闲装，体现了人类对运动和自身价值的新理念。

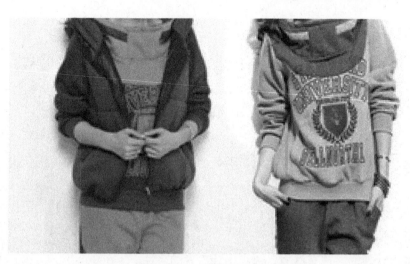

图 1-1-45　运动型休闲女外套

4. 浪漫型休闲女外套（图 1-1-46）

以柔和圆顺的线条、变化丰富的浅淡色调、宽宽松松的形象，营造出一种浪漫的氛围和休闲的格调。

图 1-1-46　浪漫型休闲女外套

5. 牛仔类休闲女外套（图 1-1-47）

牛仔装是21世纪的奇迹，美国西部的工装，竟然成为今天世界上第一流行装，追求洗旧感、二手感，是休闲装中的主力之一。

图 1-1-47　牛仔类休闲女外套

6. 针织类休闲女外套（图 1-1-48）

针织休闲装越来越成为人们日常生活必不可少的服装。无论是棉针织线还是手针织线，针织线的特点和工艺决定了其风格特点。

图 1-1-48　针织类休闲女外套

任务拓展

（1）请同学们围绕正装女西装的几个设计要素，分别设计三个不同设计要素的正装女外套系列。

（2）休闲女外套的设计平台比较大，请同学们以小组为单位，设计三个不同的设计主题，完成休闲女外套的系列设计。

任务二 女外套的结构设计

女外套的结构设计主要讲解女外套上衣的款式制版。通过剖析人体部位与服装局部设计之间的关系，认识二维的女上装局部结构图的原理，更好地帮助学生了解和认识女外套上衣结构制图及后期样板制作的设计原理和规则。

一、女装国家标准号型

（一）号型标志与号型系列

女子上装号型分配是按身高 5cm 分档、胸围 4cm 分档而组成系列，即身高和胸围搭配组成 5.4 系列号型。号型系列设置以中间标准体为中心，向两边依次递增或递减，女子上装中间标准体见表 1-2-1。5.4 系列女上装号型设置、人体主要部位测量参考数据及分档数值见表 1-2-2，服装规格应按此系列进行设计。

表 1-2-1 女上装中间标准体的号型及对应的主要部位数据（单位：cm）

性别	四种体形的中间号型	身高	坐姿颈椎点高	胸围	腰围
女子	160/80Y	160	62.5	80	60
	160/84A			84	68
	160/88B			88	78
	160/92C			92	86

表 1-2-2 5.4 系列女上装 A 体型号型设置、人体主要部位测量参考数据及分档数值（单位：cm）

测量简要说明	号型部位	150/76A	155/80A	160/84A（中间号型）	165/88A	170/92A	分档数值
赤足，从头顶点到地面垂距	身高	150	155	160	165	170	5
被测者直坐于凳面，用人体测高仪测量自第七颈椎点至凳面的距离的垂直距离	坐姿颈椎点高	58.5	60.5	62.5	64.5	66.5	2
用软尺测量自肩峰点至尺骨茎突点所得的直线距离	全臂长	47.5	49	50.5	52	53.5	1.5

续　表

测量简要说明	号型 部位	150/76A	155/80A	160/84A （中间号型）	165/88A	170/92A	分档 数值
直立，正常呼吸，用软尺经肩胛骨、腋窝和乳头测量的最大水平围长	胸围	76	80	84	88	92	4
腰部最细处，软尺水平测量一周	腰围	60	64	68	72	76	4
喉结下 2cm 处垂直脖颈柱体，软尺水平测量一周	颈围	32	32.8	33.6	34.4	35.2	0.8
手臂自然下垂，测量左右肩端点之间的水平弧长	总肩宽	37.4	38.4	39.4	40.4	41.4	1

（二）号型系列适用范围

消费者选择和应用号型时应注意，每个人的个体实际尺寸，可能和服装号型档次并不完全吻合。例如：身高 167cm、胸围 90cm 的人，号是在 165~170 之间，型是在 88~92 之间，因此需要向上或向下靠档。一般来说，应向接近自己身高、胸围或腰围尺寸的号型靠档。

按身高数值选用号，例如：身高 163~167cm，选用号 165；身高 168~172cm，选用号 170。

按净体胸围数值选用上装型，例如：净体胸围 82~85cm，选用型 84；净体胸围 86~89cm，选用型 88。

（三）女外套成品规格设置

服装的上衣与人体的胸腰肩及臀、腰部位有着密切的关系。躯体的胸腰臀又是一个复杂的曲面体。胸腰臀的松量确定是决定服装轮廓造型的关键。为使服装穿着舒适得体，而又达到美观的效果，应合理地掌握不同体型、不同款式造型的各个部位松量的加放。（表 1-2-3、表 1-2-4）

表 1-2-3　女装胸围松量的参考范围（单位：cm）

款式名称	春季		秋季		冬季	
	普通料	弹力针织料	普通料	弹力针织料	普通料	弹力针织料
紧身	4~6	2~4	6~8	5~7	8~10	6~8
合身	6~8	4~6	10~12	8~10	12~14	10~12

较宽松	10~14	8~14	14~18	12~16	16~20	14~18
宽松	16~20		20~24		22~30	

表1-2-4　不同种类女外套上装基型胸围松量的参考范围（单位：cm）

服装品种	胸围松量
合体套装、外套基型（春秋）	10~12
合体套装、外套基型（秋冬）	14~16
合体风衣、外套基型（秋）	16~20
合体风衣、大衣基型（冬）	20~22
松身大衣、外套基型	20~22
宽松女装外套基型	22~32

二、女外套制图的主要部位代号、常用线条名称与术语

（一）女外套制图的主要部位代号（表1-2-5）

表1-2-5　女外套上装服装制图中主要部位代号

序号	中文	英文	代号	序号	中文	英文	代号
1	领围线	Neck Line	NL	11	肩端点	Shoulder Point	SP
2	胸围线	Bust Line	BL	12	袖窿	Arm Hole	AH
3	腰围线	Waist Line	WL	13	袖长	Sleeve Length	SL
4	臀围线	Hip Line	HL	14	袖口（宽）	Cuff Width	CW
5	肩宽	Shoulder	S	15	袖山	Arm Top	AT
6	前中心线	Front Center Line	FCL	16	袖肥	Biceps Circumference	BC
7	后中心线	Back Center Line	BCL	17	前衣长	Front Length	FL
8	肘线	Elbow Line	EL	18	后衣长	Back Length	BL
9	胸点	Bust Point	BP	19	前腰节长	Front Waist Length	FWL
10	肩颈点	Side Neck Piont	SNP	20	后腰节长	Back Waist Length	BWL

（二）与女外套相关的术语（图 1-2-1）

1. 叠门

衣片门襟、里襟左右重叠在一起，从叠门线到止口线之间的一段距离，称为叠门，供锁眼钉扣。

2. 挂面

门襟、里襟反面一层比叠门宽的贴边，又称门襟贴边。

3. 止口

指门襟、领子、袋盖、裤腰等部位的外边缘线。在止口上缉缝纫线，称缉止口线。缉一道线称单止口，缉两道线称双止口。

4. 驳头

驳领中领和挂面翻折外露的部位。

5. 驳角

指驳头角的形状。

6. 串口线

领面前端与驳头连接处外露部分的线段。

7. 领角

指前领与驳头相交所呈夹角的形状，又称领缺角。

8. 驳口线

又称驳折线，指驳头翻折的线。

9. 嵌线

衣长沿边及袋口边等部位拼接的窄条。

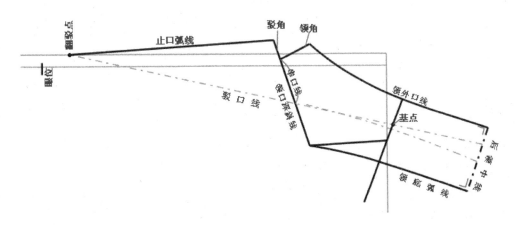

A. 领子相关术语

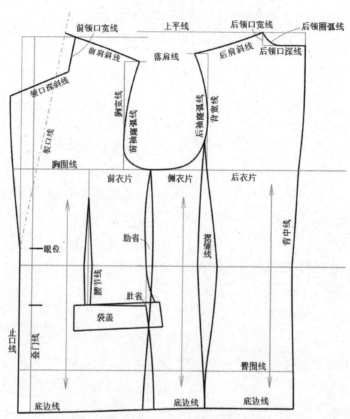

前领口宽线　上平线　后领口宽线　后领圈弧线
前肩斜线　落肩线　后肩斜线　后领口深线
领口深斜线　胸宽线　前袖窿弧线　后袖窿弧线　背宽线
驳口线
胸围线　前衣片　侧衣片　后衣片
眼位　肋省　摆缝线　背中线
腰节线　肚省
袋盖
止口线　叠门线　臀围线
底边线　底边线　底边线

B. 衣身相关术语

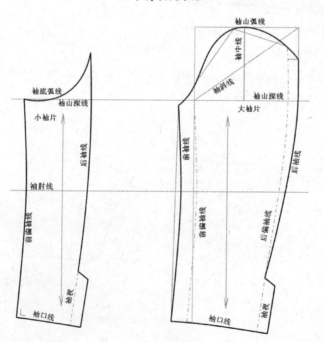

袖山弧线
袖中线
袖底弧线　袖斜线　袖山深线
袖山深线　大袖片
小袖片
后袖线　前袖线　后袖线
袖肘线
前偏袖线　前偏袖线　后偏袖线
袖衣　袖衣
袖口线　袖口线

C. 袖子相关术语

图 1-2-1　女外套相关术语

子任务一 正装女外套的结构设计

在进行女外套制版之前，我们首先来熟悉一下新文化式原型，以利于更好地进行制版学习。

由于人体体型在不断变化，日本文化学院根据人体测量和多年来的实践，于1999年7月推出新文化式原型。2000年4月起用于服装设计与教学，效果较好，现介绍如下，供教学参考。

（一）制图规格（单位：cm）

号型	胸围	背长	腰围
160/84A	84	38	68

（二）原型的结构制图

1. 新文化式原型前后片制图（图 1-2-2）

（1）胸围公式是 B/2+6。

（2）前胸宽公式是 B/8+6.2。

（3）后胸宽公式是 B/8+7.4。

（4）后肩省公式是 B/32–0.8。

（5）前腰节长公式是 B/5+8.3。

2. 制图步骤

（1）作胸围线和背长：胸围 =B/2+6（松量）=48，背长 =38。

（2）作袖窿深线：后袖窿深 =B/7.4=17.9。

（3）作背宽线：B/8+7.4=17.9。

（4）作过肩胛骨的辅助线。

（5）作前袖窿深线。

（6）作胸宽线。胸宽 = B/8+6.2=16.7。

（7）作侧缝线。

（8）作袖窿部位的辅助线。

（9）作前领口弧线。前领宽 = B/24+3.4=6.9，前领深 = 前领宽 +0.5=7.4。

（10）作前肩线。

（11）作后领口弧线。后领宽 = 前领宽 +0.2=7.1，后领深 = 后领宽 /3=1.83。

（12）标注 BP 点。

（13）作袖窿深。袖窿深的角度 =（B/4–2.5°)=18.5° 。

（14）作前袖窿弧线。注意：①弧线在肩端点处肩线的夹角为直角；②前后袖窿弧线在腋下的交汇处要圆顺。

（15）标注肩省。

（16）标注腰省。腰省总量 = 胸围 – 腰围 / 2=（84+12）–（66+6）/ 2=12。

（17）加深轮廓线，标注纱向。

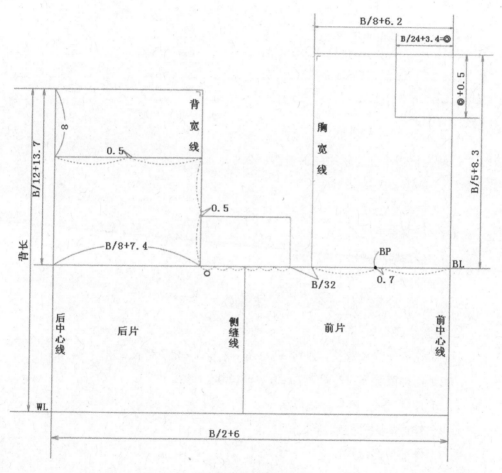

A. 原型基础框架图

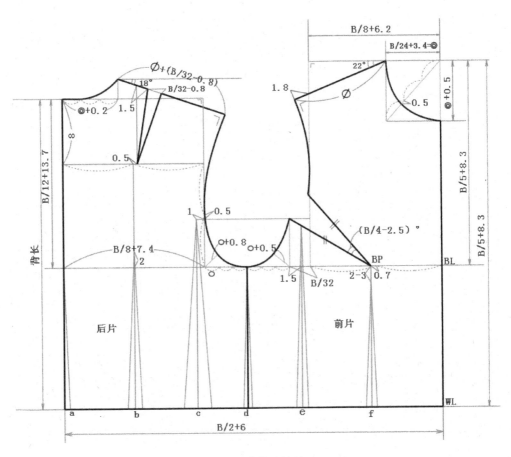

B. 原型完整结构制图

图1-2-2 新文化式原型前后片制图

3. 原型袖的结构制图（图 1-2-3）

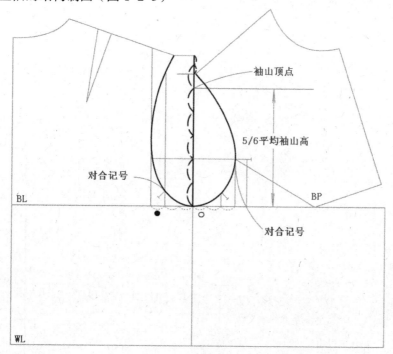

A. 省道转移

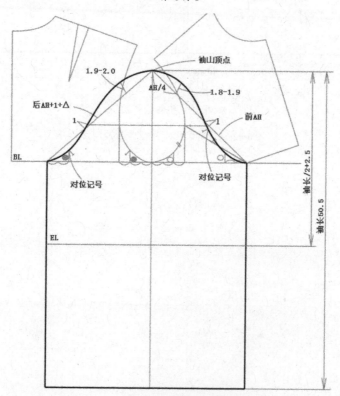

B. 原型一片袖

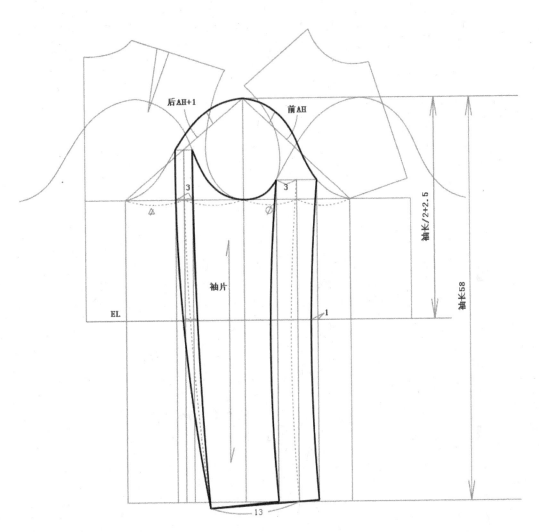

C. 原型两片袖

图 1-2-3

一、正装女外套款式一：四开身合体西服

（一）任务分析

1. 款式概述

驳领四开身正装女西服比较合体，左前片手巾袋一个，前片有两个双嵌线口袋，有袋盖。后片中分割，刀背缝解决后肩省，同时起到收腰效果。（图1-2-4）

图1-2-4　驳领四开身正装女西服

2. 制图规格（单位：cm）

号型	胸围	腰围	臀围	衣长	背长	肩宽	袖长	袖口
160/84A	84	76	94	65	38	37	61	15

（二）任务实施

1. 四开身合体女西服结构制图（图1-2-5）

2. 四开身合体女西服放缝图（图1-2-6）

3. 四开身合体女西服排料图（图1-2-7、图1-2-8）

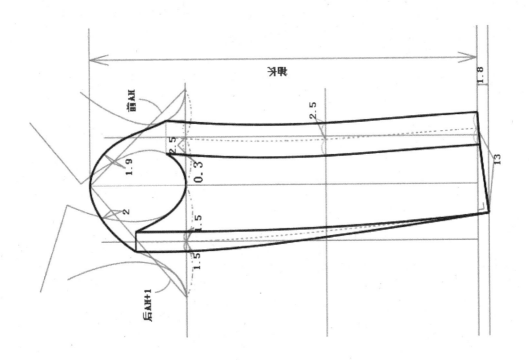

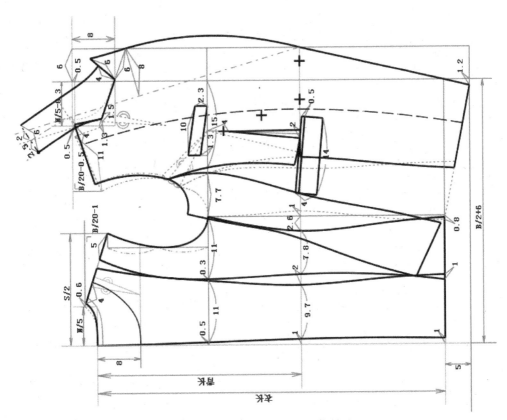

图 1-2-5 四开身合体女西服结构制图

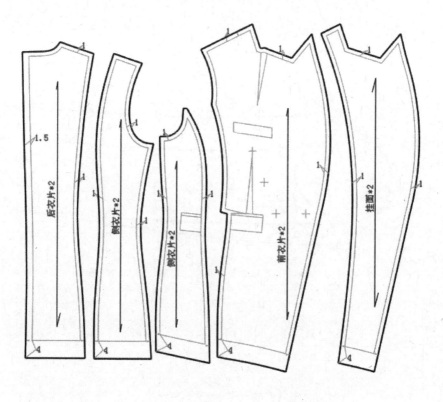

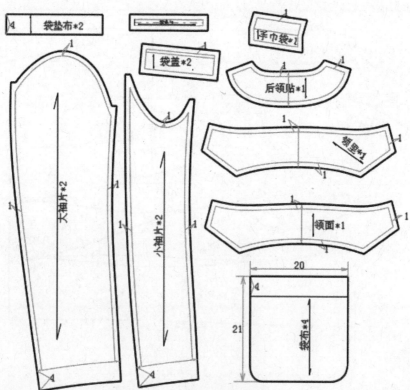

图 1-2-6 四开身合体女西服放缝图

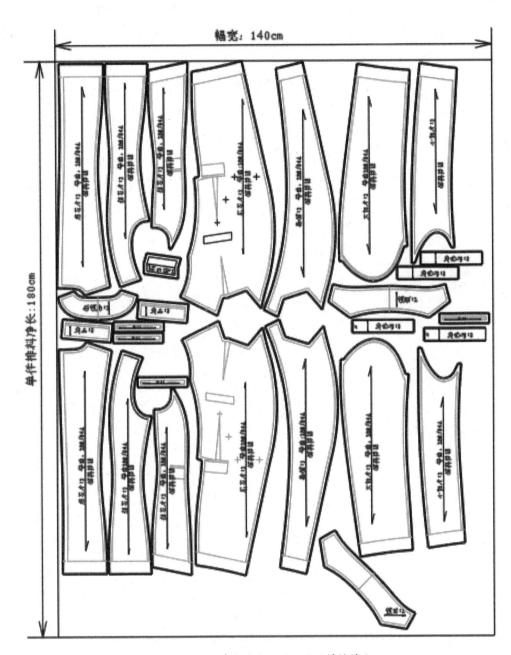

图 1-2-7　四开身合体女西服双层里料排料法

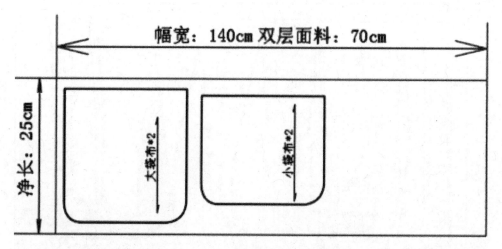

图 1-2-8 四开身合体女西服双层里料排料法

（三）任务评价

项目	权重分	细节要求	得分
四开身合体女西服	5分	构图好，制图熟练规范	
	15分	公式标齐，尺寸清楚，文字有标注	
	10分	轮廓线分明，图纸清晰	
	10分	直线顺直，弧线圆顺	
	10分	无遗漏的部位，符号标齐，完整性好	
	10分	零部件配齐，无遗漏	
	10分	放缝方法准确，有标注	
	10分	刀眼、钻眼位置标准准确，无遗漏	
	10分	裁片齐全，无遗漏	
	10分	样板上有纱向与文字标注并规范	
总分	100分		

（四）任务拓展

给自己测量尺寸，利用自己所需的尺寸进行此款西服的结构制图。

二、正装女外套款式二：翘肩女西服

（一）任务分析

1.款式概述

本款为翘肩女西服。前身先转移胸省到肩上，方便开刀缝形状的设计。肩部设计为翘肩，人为增加肩的高度，使偏离人体，这也是这件服装的设计亮点。（图1-2-9）

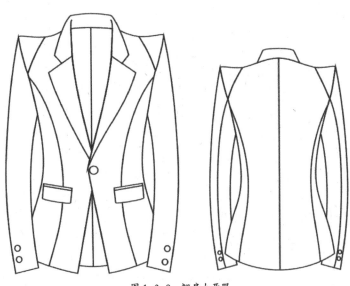

图1-2-9　翘肩女西服

2.制图规格（单位：cm）

号型	胸围	腰围	臀围	衣长	肩宽	袖长
160/84A	84	75	97.6	56	38	58

（二）任务实施

1.翘肩女西服结构制图（图1-2-10）

2.翘肩女西服放缝图（图1-2-11）

3.翘肩女西服排料图（图1-2-12、图1-2-13）

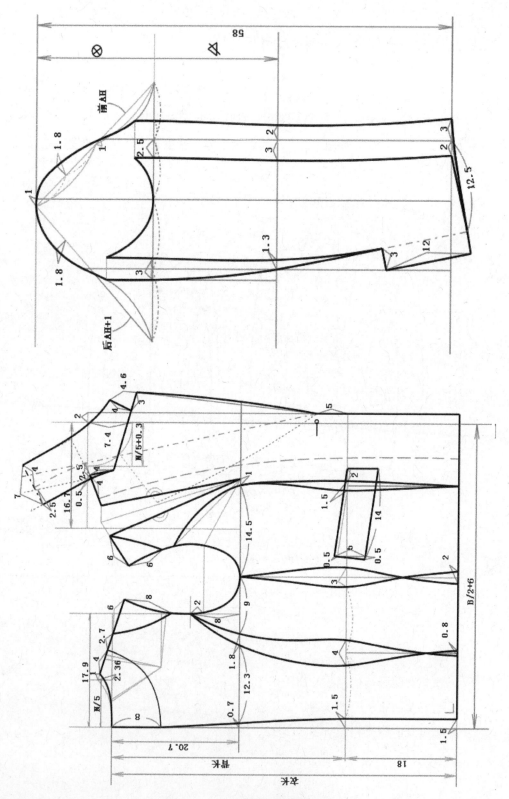

图 1-2-10 翘肩女西服结构制图

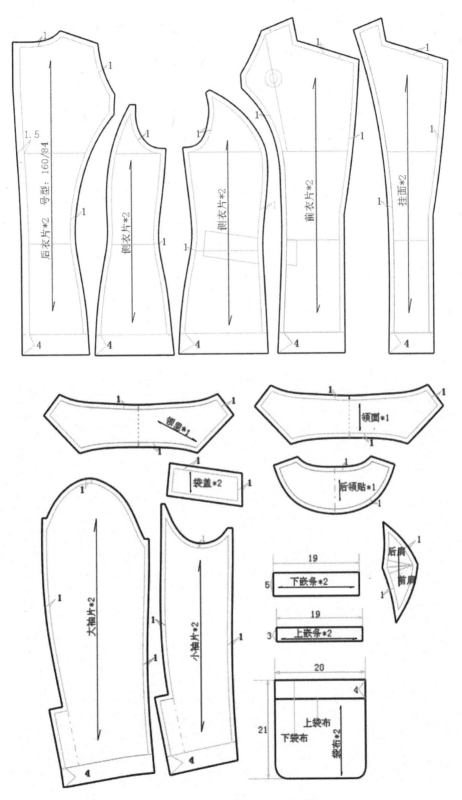

图 1-2-11　翘肩女西服放缝图

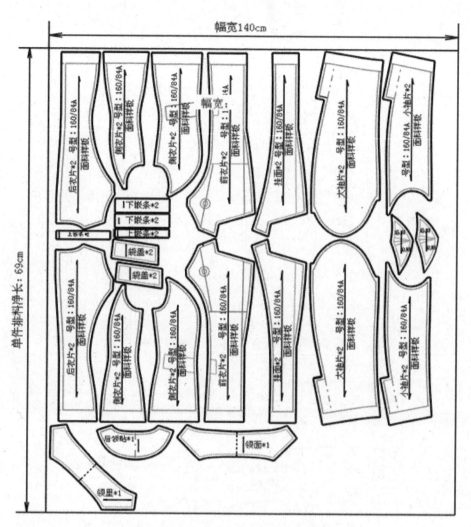

图 1-2-12 翘肩女西服单件单层面料排料图

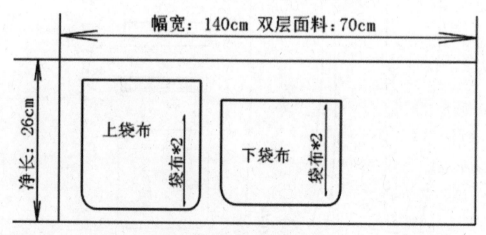

图 1-2-13 翘肩女西服里料排料图

（三）任务评价

项目	权重分	细节要求	得分
翘肩女西服	5分	构图好，制图熟练规范	
	15分	公式标齐，尺寸清楚，文字有标注	
	10分	轮廓线分明，图纸清晰	
	10分	直线顺直，弧线圆顺	
	10分	无遗漏的部位，符号标齐，完整性好	
	10分	零部件配齐，无遗漏	
	10分	放缝方法准确，有标注	
	10分	刀眼、钻眼位置标准确，无遗漏	
	10分	裁片齐全，无遗漏	
	10分	样板上有纱向与文字标注并规范	
总分	100分		

（四）任务拓展

将本款女西服的翘肩量增加两倍，再画一个结构制图，总结概括出翘肩量的取值范围。

子任务二　休闲女外套的结构设计

一、休闲女外套款式一：腰节分割休闲女外套

（一）任务分析

1.款式概述

本款式是工厂最新研制的立体裁剪和平面结构相结合的款式，前后片明线采用珠针针法，前片腰节横向直线分割，大袖片与小袖片拼接后，加拉链，大袖片袖口处横向分割。面料一般采用毛呢或针织面料。

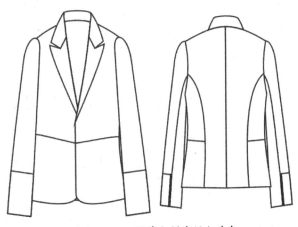

图1-2-14　腰节分割休闲女外套

2.制图规格（单位：cm）

号型	衣长	胸围	背长	肩宽	袖长	袖口
160/84A	60	98	40.5	42.5	63	15

（二）任务实施

1.腰节分割休闲女外套的结构制图

(1)腰节分割休闲女外套的结构制图。（图1-2-15）

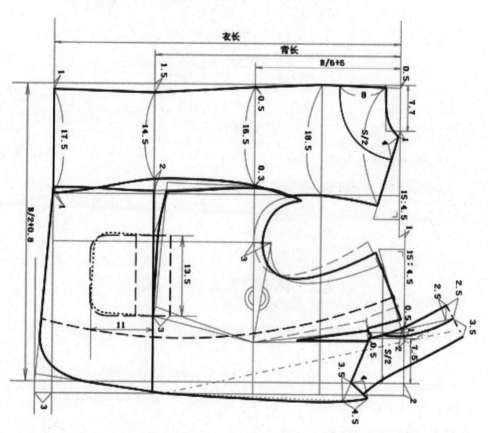

A. 衣 片

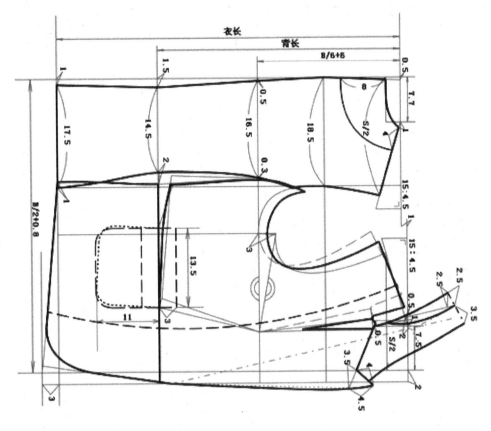

图 1-2-15　腰节分割休闲女外套的结构制图

(2)腰节分割休闲女外套的领子制作原理。（图 1-2-16）

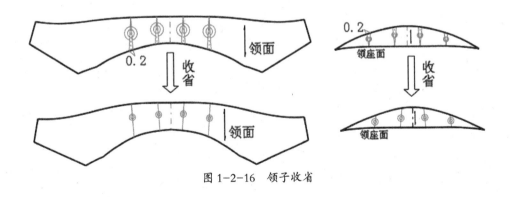

图 1-2-16　领子收省

2. 腰节分割休闲女外套的放缝图

(1)面料放缝图。（图 1-2-17）

(2)里料放缝图。（图 1-2-18）

(3)衬料放缝图。（图 1-2-19）

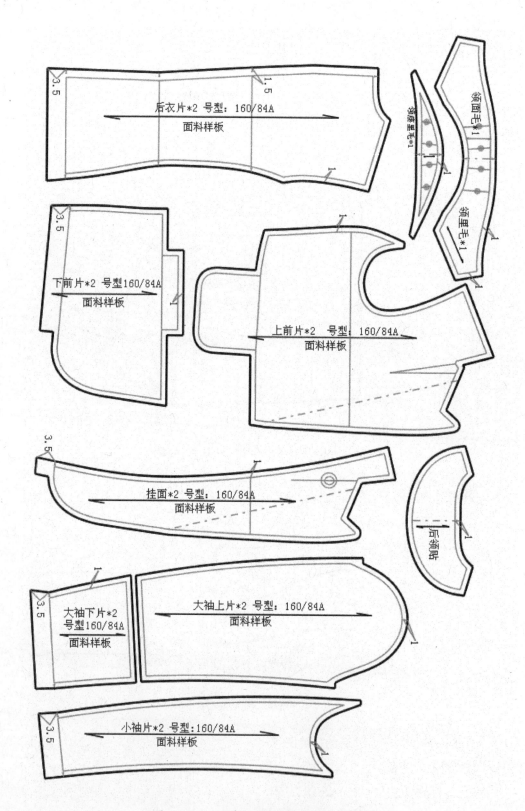

图 1-2-17　腰节分割休闲女外套面料放缝图

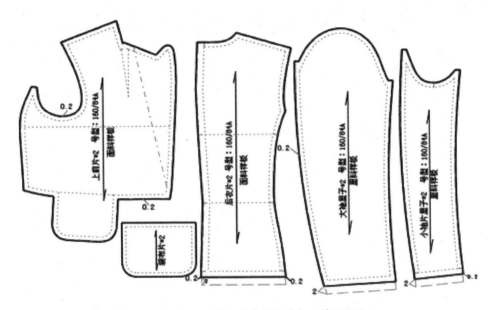

图 1-2-18 腰节分割休闲女外套里料放缝图

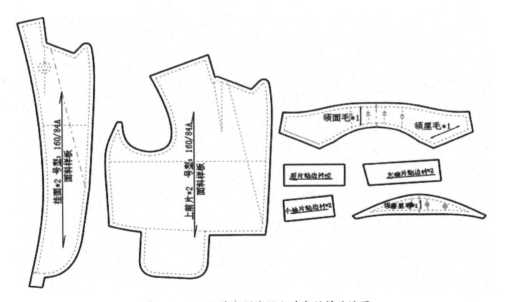

图 1-2-19 腰节分割休闲女外套衬料放缝图

2.腰节分割休闲女外套的排料图

(1)面料排料图。（图 1-2-20）

(2)里料排料图。（图 1-2-21）

(3)衬料排料图。（图 1-2-22）

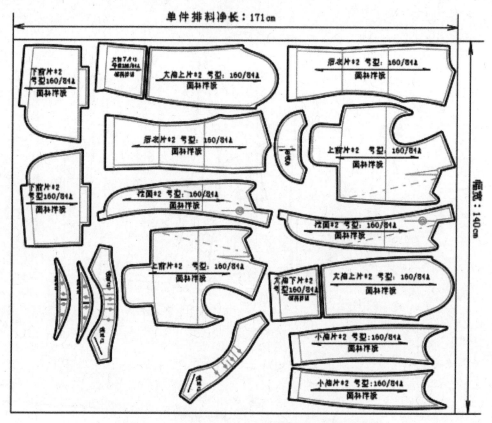

图 1-2-20 腰节分割休闲女外套单件单层面料排料图

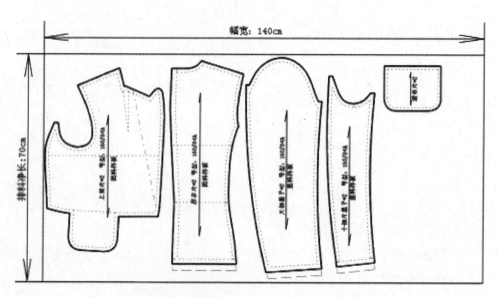

图 1-2-21 腰节分割休闲女外套双层里料排料图

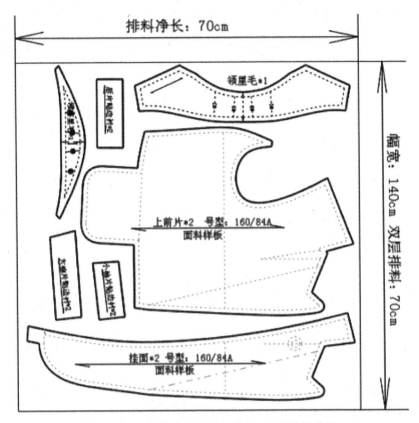

图 1-2-22　腰节分割休闲女外套双层衬料排料图

（三）任务评价

项目	权重分	细节要求	得分
腰节分割休闲女外套	5分	构图好，制图熟练规范	
	15分	公式标齐，尺寸清楚，文字有标注	
	10分	轮廓线分明，图纸清晰	
	10分	直线顺直，弧线圆顺	
	10分	无遗漏的部位，符号标齐，完整性好	
	10分	零部件配齐，无遗漏	
	10分	放缝方法准确，有标注	
	10分	刀眼、钻眼位置标准确，无遗漏	
	10分	裁片齐全，无遗漏	
	10分	样板上有纱向与文字标注并规范	
总分	100分		

（四）任务拓展

将本款腰节分割休闲女外套的领子改成基本款的翻驳领，进行结构制图设计练习。

二、休闲女外套款式二：休闲分割女夹克

（一）任务分析

1.款式概述

本款式是休闲夹克女外套，前衣片采用多次分割，做造型袖片采用直线分割，两片袖、无领。（图1-2-23）

图1-2-23 休闲分割女夹克款式图

2.制图规格（单位：cm）

号型	衣长	胸围	背长	肩宽	袖长	袖口
170/84A	54	94	38	35	58	16

（二）任务实施

1.休闲分割女夹克的结构制图（图1-2-24）

2.休闲分割女夹克的放缝图（图1-2-25）

3.休闲分割女夹克的排料图（图1-2-26）

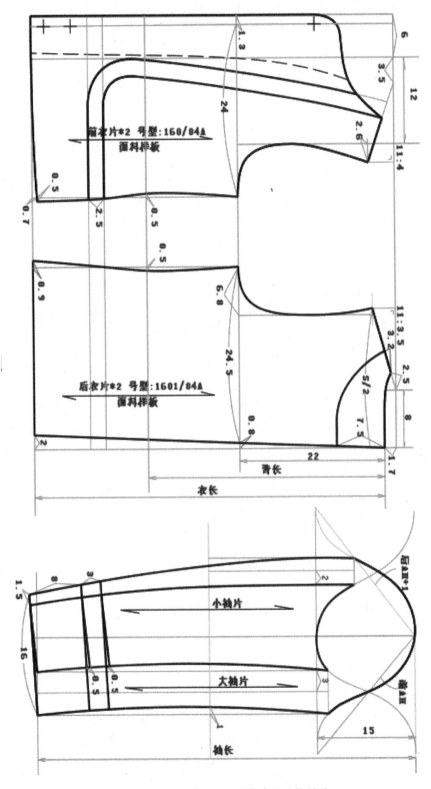

前衣片*2 号型:160/84A
面料样板

后衣片*2 号型:1601/84A
面料样板

小袖片

大袖片

图 1-2-24 休闲分割女夹克的结构制图

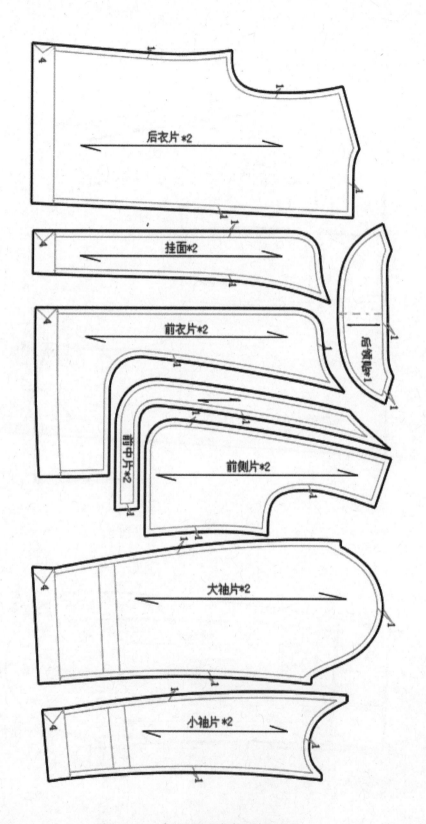

图 1-2-25 休闲分割女夹克面料放缝图

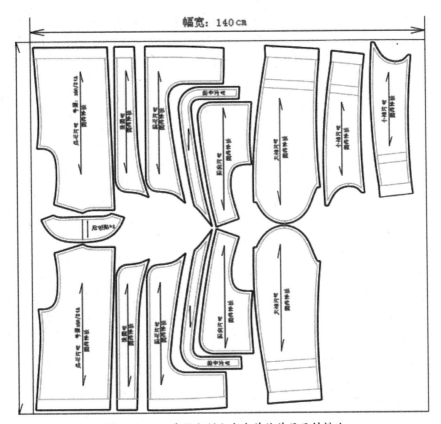

图 1-2-26　休闲分割女夹克单件单层面料排法

（三）任务评价

项目	权重分	细节要求	得分
休闲分割女夹克	5分	构图好，制图熟练规范	
	15分	公式标齐，尺寸清楚，文字有标注	
	10分	轮廓线分明，图纸清晰	
	10分	直线顺直，弧线圆顺	
	10分	无遗漏的部位，符号标齐，完整性好	
	10分	零部件配齐，无遗漏	
	10分	放缝方法准确，有标注	
	10分	刀眼、钻眼位置标准确，无遗漏	
	10分	裁片齐全，无遗漏	
	10分	样板上有纱向与文字标注并规范	
总分	100分		

（四）任务拓展

休闲女夹克款式变化非常多，同学们在本款夹克的基础上进行结构的变化，设计出两款不同的夹克衫款式，并用结构制图表达出来。

子任务三 运动女外套的结构设计

一、运动女外套款式一：连帽运动女外套

（一）任务分析

1. 款式概述

连帽运动女外套四开身宽松，前衣片摆布采用曲线分割，分割部位设计插袋，

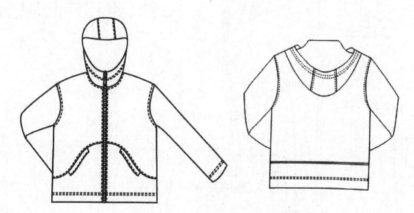

图 1-2-27 连帽运动女外套款式图

后片摆布直线分割与前片拼接，面料一般采用中厚型棉质弹性面料。

2. 制图规格（单位：cm）

号型	衣长	胸围	领围	袖长	袖口	袖肥	帽长	帽宽
160/84A	60	104	51	54.5	12.5	B/5	34.5	23.5

（二）任务实施

1. 连帽运动女外套结构制图（图 1-2-28）

2. 连帽运动女外套放缝图（图 1-2-30、图 1-2-31、图 1-2-32）

3. 连帽运动女外套排料图（图 1-2-33、图 1-2-34）

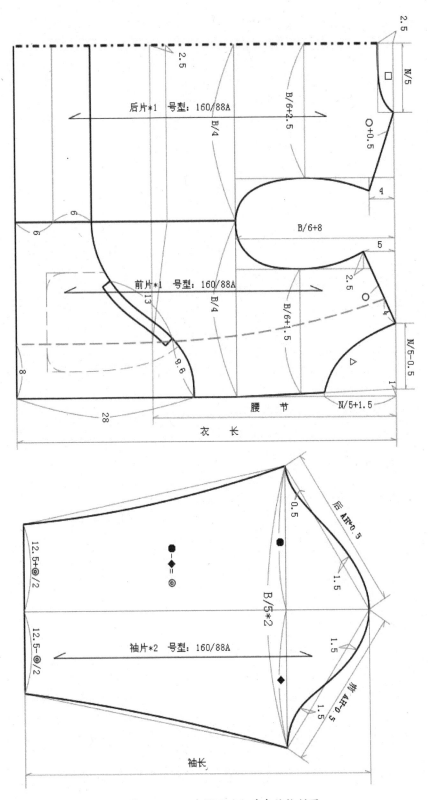

图 1-2-28 连帽运动女外套结构制图

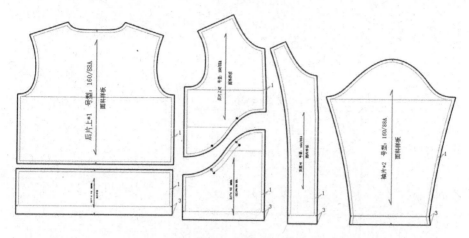

图 1-2-30　连帽运动女外套衣身面料样板放缝图

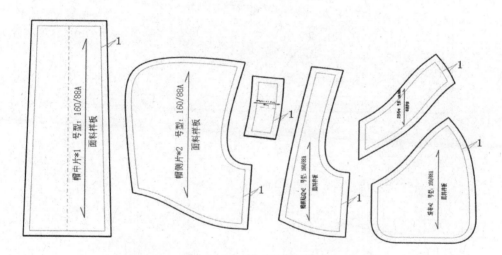

图 1-2-31　连帽运动女外套零部件面料样板放缝图

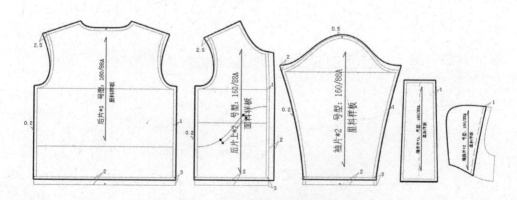

图 1-2-32　连帽运动女外套里料样板放缝图

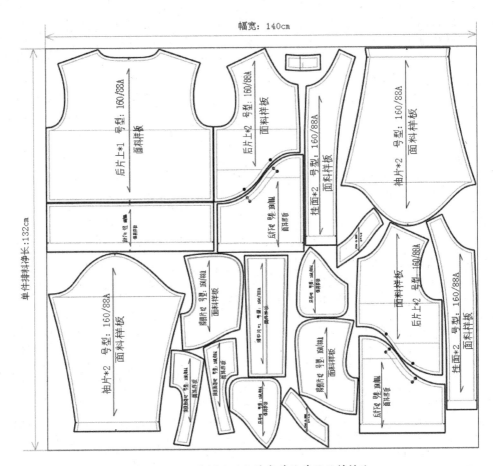

图 1-2-33　连帽运动女外套单件单层面料排法

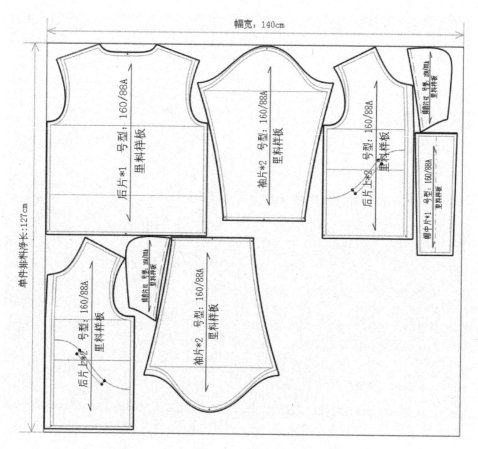

图 1-2-34　连帽运动女外套单件单层里料排法

（三）任务评价

项目	权重分	细节要求	得分
连帽运动女外套	5分	衣长	
	15分	胸围	
	10分	领围	
	10分	袖长	
	10分	袖口	
	10分	袖肥	
	10分	帽长	
	10分	帽宽	
总分	100分		

（四）任务拓展

请在此款运动服结构图的基础上，设计两个不同款式的运动服样板。

二、运动女外套款式二：插角连袖中长款运动女外套

（一）任务分析

1.款式概述

本款是运动女外套的一种，款式的主要形象是连衣袖，袖侧片和衣领采用针织罗纹面料，前中拉链面料一般采用弹性棉质中厚型面料。（图1-2-35）

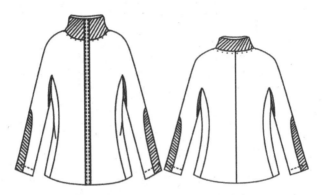

图1-2-35　插角连袖中长款运动女外套款式图

2.制图规格（单位：cm）

号型	衣长	袖长	领围	胸围	摆度	袖口
160/84A	80	58	45	102	114	14.5

（二）任务实施

1.宽松型原型制版

该板型的基本尺寸为胸围、背长、领围。本规格尺寸表（表1-2-6）来源于中国及亚洲国家最具代表性的标准A型体。板型采用中号规格，制定半胸围样板。成品胸围尺寸以净胸围加放10cm松量为标准，并以成品胸围尺寸为基本换算单位，通过加减系数结构制版。（图1-2-36）

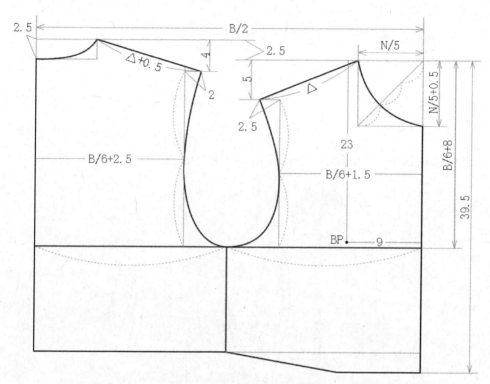

图 1-2-36　宽松型原型结构制版

表 1-2-6　规格尺寸表（单位：cm）

部位名称	胸围	背长	领围
量体净尺寸	84	36	37
加放松量	+10	+3.5（下落量）	+2
成品尺寸	94	39.5	39

2. 插角连袖中长款运动女外套结构制图（图 1-2-37、图 1-2-38）

3. 插角连袖中长款运动女外套放缝图（图 1-2-39）

4. 插角连袖中长款运动女外套排料图（图 1-2-40）

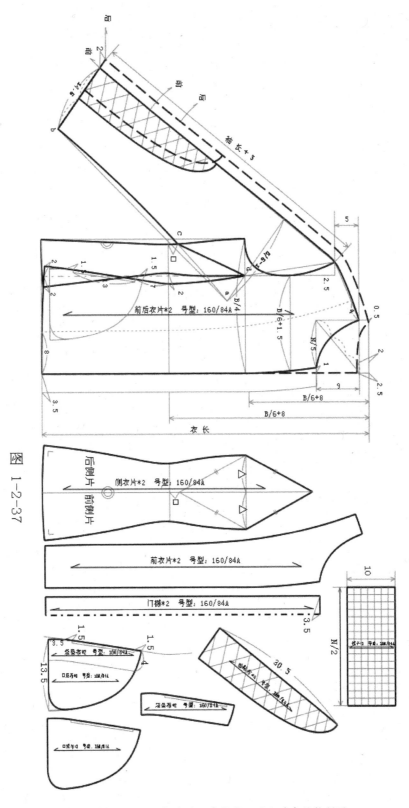

图 1-2-37　插角连袖中长款运动女外套结构制图

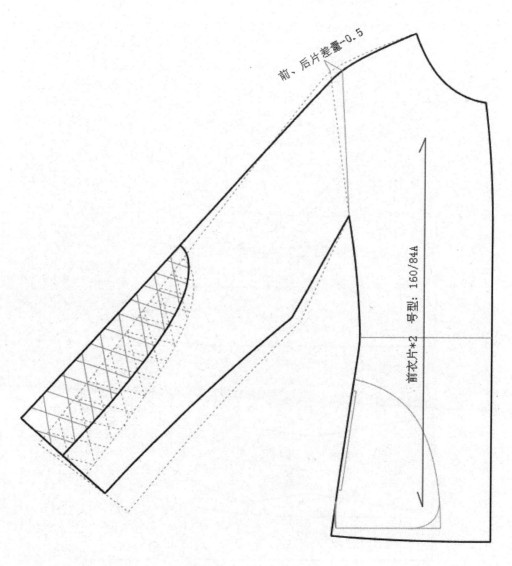

前、后片差量~0.5

前衣片*2 号型: 160/84A

图 1-2-38 衣片调整

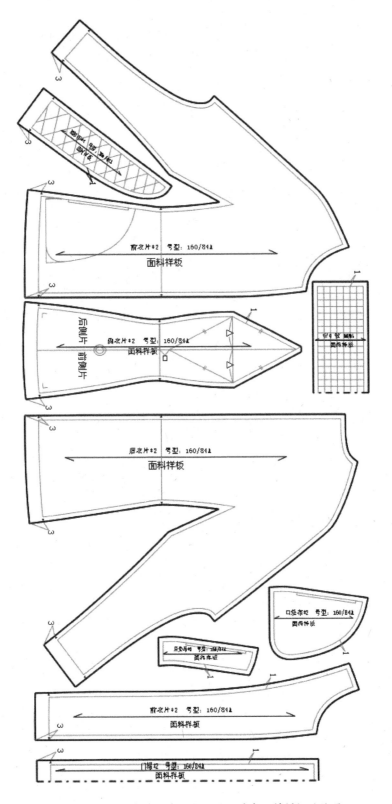

图 1-2-39　插角连袖中长款运动女外套面料样板放缝图

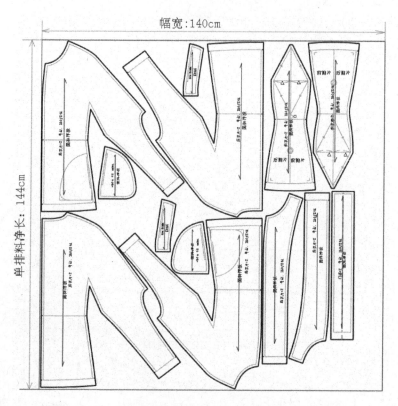

图1-2-40　插角连袖中长款运动女外套单层单件面料排法

（三）任务评价

项目	权重分	细节要求	得分
连帽运动女外套	5分	构图好，制图熟练规范	
	15分	公式标齐，尺寸清楚，文字有标注	
	10分	轮廓线分明，图纸清晰	
	10分	直线顺直，弧线圆顺	
	10分	无遗漏的部位，符号标齐，完整性好	
	10分	零部件配齐，无遗漏	
	10分	放缝方法准确，有标注	
	10分	刀眼、钻眼位置标准确，无遗漏	
	10分	裁片齐全，无遗漏	
	10分	样板上有纱向与文字标注并规范	
总分	100分		

（四）任务拓展

请给这款运动外套加一个用拉链装的连衣帽，确保款式整体效果佳。

任务三 女外套的缝制工艺

子任务 休闲女外套的缝制工艺

一、休闲女外套质量评分细则

项目	分值	质量标准要求	轻缺陷	扣分	重缺陷	扣分	严重缺陷	扣分
规格 15分	3	衣长规格正确,不超偏差 ±1.5cm	超 50% 内		超 50%~100%		超 100% 以上	
	3	胸围规格正确,不超偏差 ±2cm	超 50% 内		超 50%~100%		超 100% 以上	
	3	肩宽规格正确,不超偏差 ±0.6cm	超 50% 内		超 50%~100%		超 100% 以上	
	2	领围规格正确,不超偏差 ±0.6cm	超 50% 内		超 50%~100%		超 100% 以上	
	3	袖长规格正确,不超偏差 ±0.8cm	超 50% 内		超 50%~100%		超 100% 以上	
	1	袖口规格正确,不超偏差 ±0.5cm	超 50% 内		超 50%~100%		超 100% 以上	
领子 15分	3	领面、里服帖	止口倒吐		面、里有起壳现象		面、里有严重起壳	
	3	两圆头圆顺、对称	轻度不圆		不圆、不对称		严重不圆、不对称	
	3	两圆头窝服,大小一致	无窝服,有互差		有反翘现象,互差较大		严重反翘,有严重互差	
	3	装领线条顺畅,对肩眼刀对称	互差 > 0.2cm		互差 > 0.3cm 且丝缕有两处拉还		互差 > 0.5cm 且丝缕有两处拉还	
	3	领缉线顺直且宽窄一致	轻度弯斜		重度弯斜		严重弯斜	

续 表

项目	分值	质量标准要求	轻缺陷	扣分	重缺陷	扣分	严重缺陷	扣分
门襟、里襟 15分	3	门襟、里襟平服	轻度起皱		重度起皱		严重起皱	
	3	门襟、里襟长短一致	互差约0.2cm		互差约0.4cm		互差>0.6cm	
	3	门襟、里襟止口不反吐	轻度反吐		重度反吐		严重反吐	
	3	门襟、里襟缉线顺直	轻度不顺		重度不顺		严重不顺	
	3	两叠门大小一致	互差约0.3cm		互差约0.4cm		互差>0.5cm	
口袋 9分	3	口袋袋位高低、左右进出一致	互差约0.5cm		互差约0.7cm		互差>0.8cm	
	2	装袋缉线顺直且袋口牢固	轻度不牢固		重度不牢固		袋口未回针	
	2	圆袋圆角圆顺、对称	轻度不圆顺、对称		重度不圆顺、对称		严重不圆顺、对称	
	2	圆袋服帖	袋紧袋位处松		袋起皱		袋起皱严重	
胸省及前后腰省 6分	2	胸省及两前后腰节省高低一致、左右进出一致	互差约0.3cm		互差约0.4~0.5cm		互差约0.5cm	
	2	收省缉线顺直、省尖自然	轻度不顺，有酒窝		有明显酒窝或明显不顺直			
	2	压明装饰线，缉线顺直	弯差约0.3cm		弯差>0.5cm			
袖子 20分	8	装袖袖山圆顺、饱满	轻度不圆顺、不饱满		重度袖山起角		严重袖山起角	
	5	装袖前后准确、前后适宜	轻度不适宜		重度不适宜			
	3	袖口省对称一致、顺直	互差约0.5cm		互差>1cm			
	4	袖口大小一致，贴边线顺直，宽窄一致无链形	互差约0.5cm		互差>1cm，有链形			
整洁牢固 10分	2	整件产品无明线头	有2处		有3处		有3处以上	
	2	整件产品无暗线头	有2处		有3处		有3处以上	
	2	整件产品无跳针、浮线和粉印			有12针			

项目	分值	质量标准要求	轻缺陷	扣分	重缺陷	扣分	严重缺陷	扣分
整洁牢固10分	4	整件产品无丢工及脱、漏现象					有1处	
锁钉和整烫10分	3	锁眼位准确且锁眼线迹整齐	锁眼线迹轻度不齐		锁眼位有较大长短不一致，锁眼线迹不齐			
	2	钉扣位置准确，钉扣绕脚符合要求	扣合后轻度不平		扣合后较不平		扣合后严重不平	
	2	各部位熨烫平服，无亮光和水花纹	有水花纹		有亮光2处		有亮光3处以上	

二、服装工艺单制作

** 公司女外套上衣工艺单（一）

产品名称：四开身休闲女外套上衣		客户：		制单：	
款号：		数量：		制版：	
订单号：		交货日期：		审核：	

规格 部位	成品规格				
	150/76	155/80	160/84A	165/88	170/92
后中长	56	58	60	62	64
腰节长（后中）	38	39	40	41	42
肩宽	38	39	40	41	42
袖长	59	61	63	65	67
胸围	90	94	98	102	106
领围	37	38	39	40	41
袖口	12.5	13	13.5	14	14.5

工艺要求

缝线要求：明线 14~15 针 /3cm　　　暗线 12~14 针 /3cm

1. 领子：按领子净样板画夹缝，合缉后将止口缝份修剪成 0.3~0.4cm 左右。三边止口明线 0.6cm，装领缝份 0.8cm，止口不倒吐，领角窝服对称。
2. 前片：门襟、里襟止口按净样板画夹缝，夹缝时注意挂面的松紧适度。防止门襟、里襟起吊或起壳，圆角圆顺不起角，左右胸省、腰节省位置对称，缉线顺直，省尖无酒窝，左右圆袋位置正确、对称，装袋平服，封口牢固。
3. 后片：左右腰节省对称，明线顺直。
4. 袖子：左右袖肘省对称，袖口缉线顺直，大小一致。装袖圆顺、饱满、袖窿不拉还，装袖缝份 0.8cm，反面用配色料条棉布包光，斜条包光前宽度 3cm 左右，包光后宽度 0.6~0.7cm 之间。缝缉时适当拉斜条，以免起链。

** 公司女外套上衣工艺单（二）

产品名称：四开身休闲女外套上衣							客户：	制单：
款号：							数量：	制版：
订单号：							交货日期：	审核：

色码搭配							裁剪要求：

尺码 数量 颜色	150/76	155/80	160/84	165/88	170/92	小计
黑色	60	60	80	60	60	320
粉红色	50	50	80	50	50	320
淡黄色	60	60	80	60	60	320

裁剪要求：
1. 辅料层数不超过60层。
2. 面、底层误差 ≤ 0.3cm，剪口齐全。
3. 排料经斜允差 ≤ 2%。

锁定要求（唛头说明）：
1. 主唛钉在后领贴中间。
2. 尺码、洗唛钉在右侧缝底边上方10cm处。

整烫包装要求：
整烫：熨烫温度为 160~170℃。领窝服，胸部烫饱满，袖子烫顺圆，不可有污渍及极光。
包装：折叠规格为 35×30cm，一件一胶袋，独色混码装箱。
吊牌/备扣袋用塑料袋套针穿于尺码唛。

备注：

面料说明：
1. 名称：针织棉。
2. 成分：60% 棉、40% 毛。

辅料说明：
1. 薄型有纺衬。
2. 树脂扣（实4+备）。
3. TP5000 衬：前止口牵条 ×2。
4. TE×30 涤包芯线。

用衬部位：
大身止口 ×2，挂面 ×2，领面 ×1，领里 ×1。

三、休闲外套面辅料裁片排料图

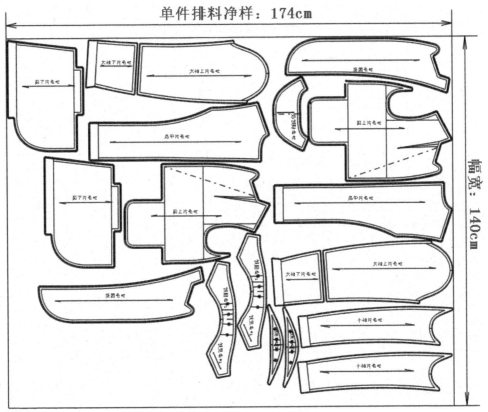

图 1-3-1　单件单层面料排法

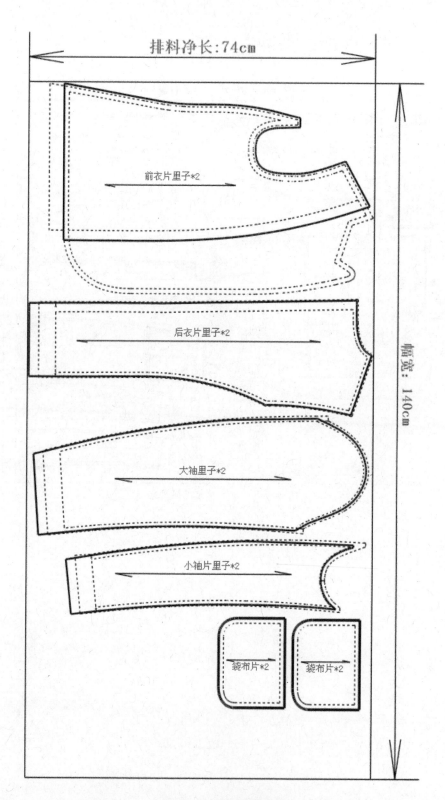

排料净长:74cm

幅宽:140cm

前衣片里子*2

后衣片里子*2

大袖里子*2

小袖片里子*2

袋布片*2　袋布片*2

图 1-3-2　双层里料排法

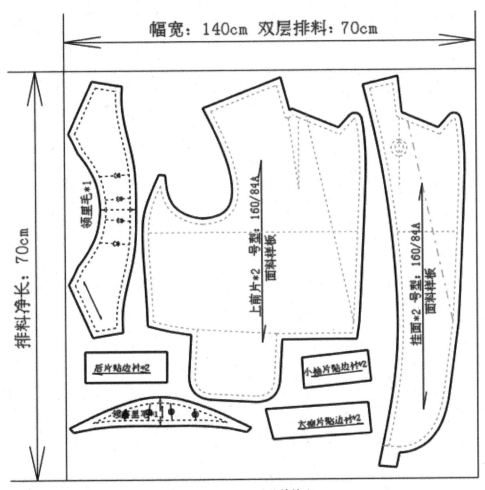

图 1-3-3 双层衬料排法

四、休闲女外套单件缝制的流程

1. 休闲女外套修剪衣片

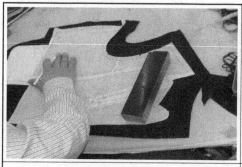 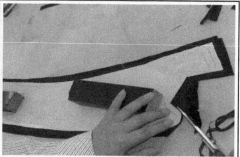

如图所示，依据前上片毛样板，对左前上片和右前上片口袋位和省道位进行点位。	如图所示，依据前衣片毛样板，对烫过粘衬的左右前上片毛片进行裁剪备用。

 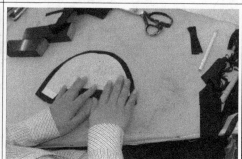

如图所示，依据前下片毛样板，对前下片毛片进行点位、裁剪备用。	如图所示，依据后领贴毛样板对后领贴毛片进行裁剪，并对标签位进行点位。

如图所示，依据前两片挂面毛样板，对前挂面毛片进行裁剪。

2.休闲女外套做领缝制工艺

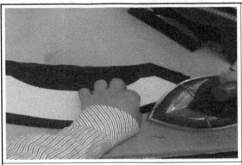

如图所示，依据领子净样板，扣烫翻领领面的领上口线和领边线。注意：如有条格或图案的面料画领净样时要对条对格且左右角对称。

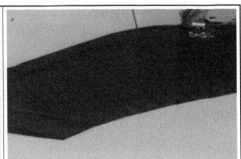

如图所示，将翻领领面反面朝上放在上层，翻领领面和领里正面相叠摆好。沿着翻领领面净样扣烫痕迹线进行夹缉，夹缉时领面领角有窝势。

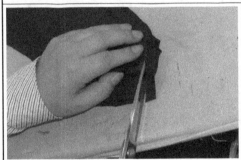

如图所示，顺着缉好的做领线修剪做领缝头，将缝头修剪至 0.3~0.5cm。

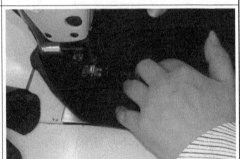

如图所示，将做领上口线的缝头倒向翻领领里，在翻领领里上口线上缉 0.1cm 明缉线。注意止口线应顺直。

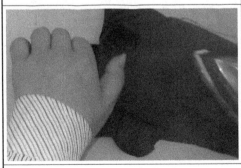

如图所示，扣烫缝边，折好领角，翻出。翻实后领里坐进 0.1cm 烫平。

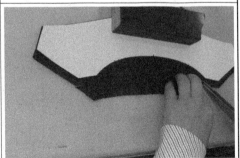

如图所示，根据翻领净样板，裁剪串口线与领下口线的缝头，再做好装领座时的对位标记。

续 表

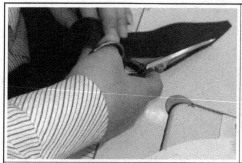

如图所示,利用领座净样板,在领座(面、里)上画好净样线,并依据净样线修剪领座毛样,预留 1cm 缝头。

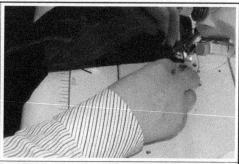

如图所示,依据下领座净样线,依次缝合翻领面和领座领面、翻领领里和领座领里。

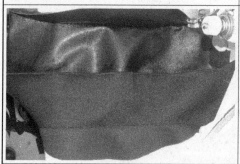

如图所示,将缝头分缝烫开,分别在下领座面和下领座里处压 0.1cm 明线。

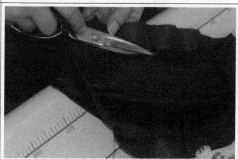

如图所示,将翻领缝头修剪至 0.2~0.3cm 左右,保留领座缝头。

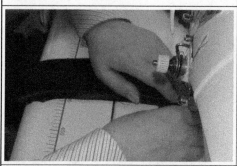

如图所示,在领子内,缝合领座面和领座里的缝头,将领面和领里固定住。

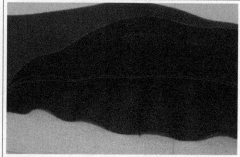

如图所示,缝合好领座面和领座里缝头后的最后效果。

领子效果图。

3.休闲女外套前片衣身缝制工艺

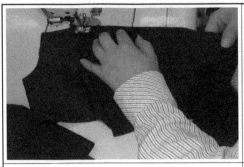

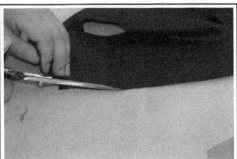

| 如图所示，依据样板点位，缝合前领口省的省道。 | 如图所示，将领口省沿中间线剪开，剪省缝是不可剪到省尖头，要离省尖2~3cm。 |

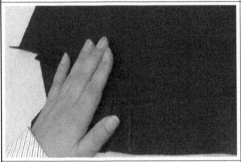

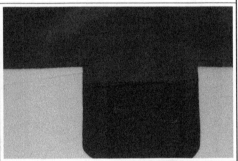

| 如图所示，将左右片领口省缝烫分开缝。 | 如图所示，根据口袋袋口净样点为起始点，缝合前上片和前下片衣身。并将缝头分缝烫开，袋口处剪一眼刀，使下衣身袋垫布自然下垂，不往上翻起。 |

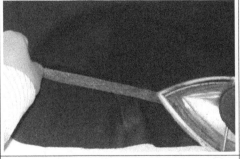

| 如图所示，用1.2cm宽的直斜粘合牵带，离开驳口线0.6cm左右，拉紧粘上。 | 如图所示，用0.6cm宽直斜粘合牵带，粘在袖窿凹势处，使袖窿弧线不还口，袖子装好后，袖窿略有窝势。 |

续　表

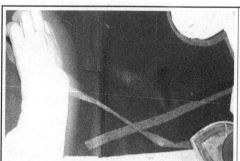

如图所示，从串口线开始敷至驳角缺嘴，剪一刀眼，按驳角敷至驳头止口，敷到底边角时再剪一刀眼，转90°敷至大身衬部位。牵带顺直，在驳头与门襟止口相交处略紧，装挂面的衣边处略紧，其余部分平敷。	如图所示，缝合小袋布和下衣身口袋袋垫布，并将缝头倒向袋垫布。

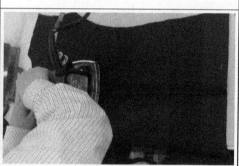

如图所示，缝合左右前衣身口袋袋里和袋面，完成前片袋子的缝制。	如图所示，缝合衣片后中缝，并将缝头烫分开缝。

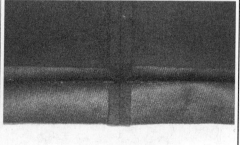

如图所示，根据后衣身下摆净样线，扣烫衣身下摆。	如图所示，修剪后中缝和下摆净样线交接处的缝头，使交接处相对薄一点，有利于衣身的外观整体效果。

续　表

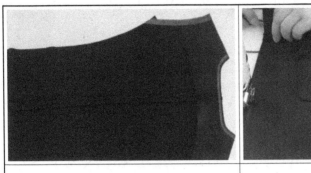

| 如图所示，在袖窿和领圈处，烫直料牵带。 | 如图所示，缝合衣片侧缝，缝深 1cm。 |

| 如图所示，将侧缝线分缝烫开。 | 如图所示，缝合衣片肩缝。 |

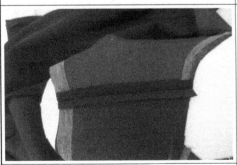

| 如图所示，将肩缝缝头烫分开缝。 | 如图所示，将衣身进行整体熨烫，衣身缝合完成。 |

4.休闲女外套缝合挂面

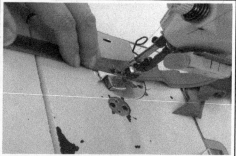

如图所示，将挂面反面朝上，左右对称，与后领贴正面相叠，缝合挂面和后领贴，并将缝头分缝烫开。

如图所示，将斜丝缕的装饰条 1/2 对折，沿对折边缉 0.5cm 明缉线，并保留 1cm 缝头。

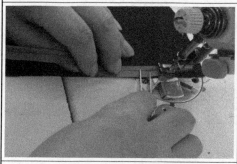

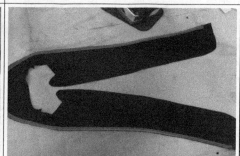

如图所示，将装饰条缝合在挂面和后领贴上。缝头和挂面缝头吻合。再检查两片挂面长度是否对称、长度一样。

如图所示，缉好装饰条的整体效果。

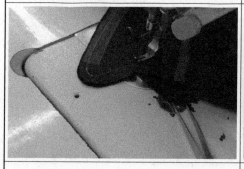

如图所示，根据下领圆角净样板画下领驳头圆角净样线。在装领起始处打一眼刀。

如图所示，根据衣身下摆圆角净样板画下摆圆角净样线。

如图所示，将挂面放在下层，大身止口放在上层，正面与正面相叠，沿止口净样线覆挂面。两层松紧要求视部位不同而不同，前 1/3 处挂面略紧，中间 1/3 处平，后 1/3 处挂面略紧。

5. 休闲女外套装领

如图所示，将领里下口与衣身领圈放齐，正面相叠，各部位对档标记对准，定位后缉缝 1cm，缉缝处，分缝烫开。

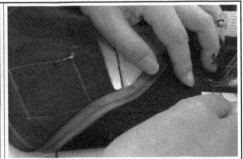

如图所示，将领面与挂面的串口缝正面叠合，缺嘴处对准对档记号，并进行缝合。缉线时不可将串口拉还。再将领面下口与挂面横开领缝至肩端以下 1cm 处留 1cm 余缝以便装里子。然后在挂面的缺嘴处和领圈转角处剪刀眼，喷水烫分开缝。

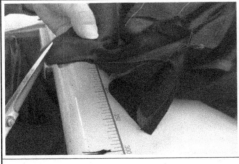

如图所示，修剪装领缝头和挂面缝头，特别是领嘴处要预留 0.3~0.4cm，使领嘴翻正后正面相对较薄。

如图所示，领嘴处到翻折点处在衣身处缉 0.1cm 明线，翻折点至衣身下摆处在挂面处缉 0.1cm 明线。

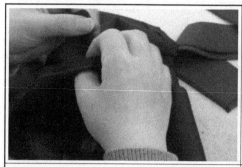

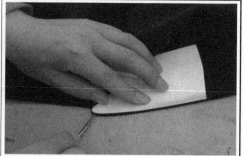

| 如图所示，翻转、熨烫领嘴。 | 如图所示，依据领嘴净样板调整领嘴嘴型。 |

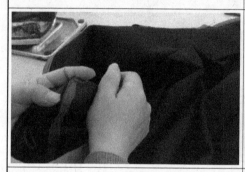

| 如图所示，翻转、熨烫衣身圆下摆。 | 如图所示，依据衣身下摆净样，调整下摆圆角形状。 |

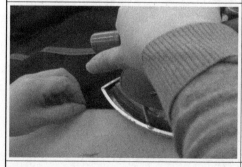

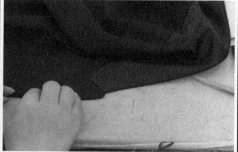

| 如图所示，烫挂面衣身里外匀。 | 如图所示，调整平顺。 |

续　表

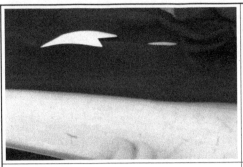

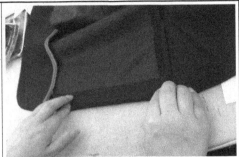

如图所示,确定翻折点和翻折线位置,用蒸汽蒸烫。

如图所示,按大身底边宽度折烫,折烫时注意与前片圆角处保持顺畅。

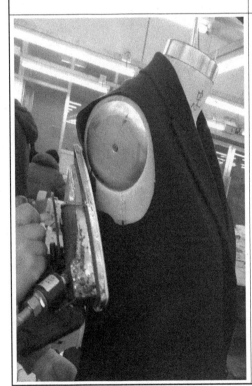

如图所示,整烫大身和袖窿,修剪袖笼弧线。检查两袖笼长度是否一样。

6. 休闲女外套做袖、装袖缝制工艺流程

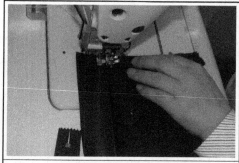

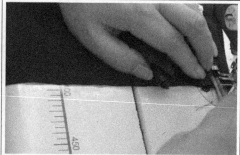

如图所示，以袖口净样线为起始点，将拉链一边与大袖片下的后袖缝线缝合。

如图所示，下袖片反面朝上，与大袖片上正面相叠，拉链尾部不留张口，进行上下袖片的缝制。缝头烫分开缝。

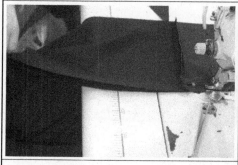

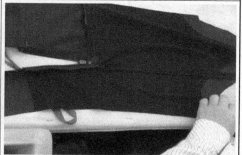

如图所示，大袖片反面朝上，大小袖片正面相叠缝合。

如图所示，将大小袖片的缝头烫分开缝。

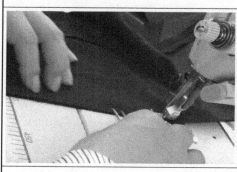

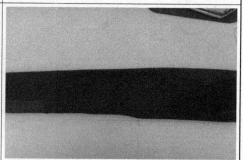

如图所示，缝合大小袖片的另一个缝线，完成做袖工序。

如图所示，袖山头用机子缝一道，缝头为0.6~0.7cm，针距0.3~0.4cm（调线器直接调到5cm），然后手拉吃势，吃势的多少与面料质地等因素有关，还要核对与袖窿装配的长度，一般前后袖一段略多，前袖山斜坡少于后袖山，袖山最高处少少放吃势，小袖片一段横丝可不抽。抽好后将袖山放在铁凳上烫圆顺。

续　表

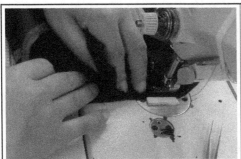

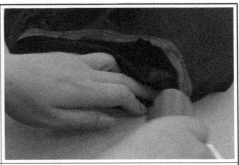

如图所示，首先核对袖山与袖窿长度是否吻合，装袖的袖子是否与衣身相吻合，切勿左右袖装错，装袖一般先装左袖，袖山相应部位对准袖标缝、肩缝、后袖窿标记点。袖子放上，缉缝圆顺，不改变吃势。	如图所示，将缝好的袖窿弧线熨烫圆顺、平服。

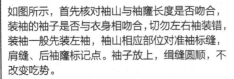

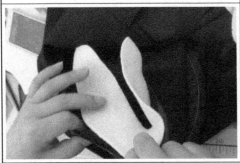

如图所示，垫肩对折，向前偏 1cm，为对肩标记，装配时前短后长，同时在垫肩弧形边先做好相应的记号。	如图所示，装垫肩外口，外口与袖山外口对齐，沿装袖缝线固定垫肩。

如图所示，检查装袖效果。如果感觉吃势量或袖子前倾量有问题，可将袖子拆下，进行再组装。

续　表

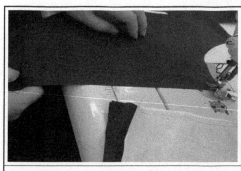

如图所示，将里子布的后片正面相叠。缝合里子布后中缝。	如图所示，缝合里子布侧缝和肩缝，缝头一边烫倒。

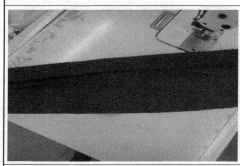

如图所示，缝合大小袖片，并在后袖缝处预留装拉链位置。	如图所示，将缝头熨烫倒向大袖片处。

如图所示，将夹里袖山与大身里子袖窿正面相叠，按装袖的对应点装袖夹里。	如图所示，将缝合好的里子布进行整烫。

7. 休闲女外套衣身面、里的缝合

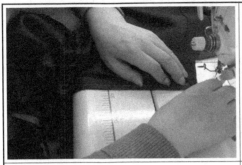

如图所示，将挂面和下摆固定缝合。

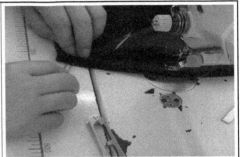

如图所示，缝合挂面底摆和里子布底摆。

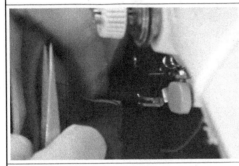

如图所示，将挂面和下摆处的空隙缝死。

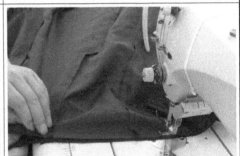

如图所示，缝合里子布下摆和衣身下摆。

如图所示，缝合袖口里子布和面布。

如图所示，将面子与里子的袖底缝固定。

续 表

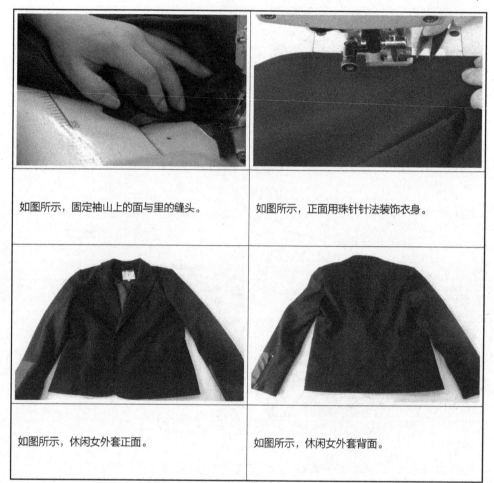

| 如图所示，固定袖山上的面与里的缝头。 | 如图所示，正面用珠针针法装饰衣身。 |
| 如图所示，休闲女外套正面。 | 如图所示，休闲女外套背面。 |

项目二 男外套设计·制版·工艺

【项目描述】

卡丝利蔓公司与我校合作，共同开发明年春秋男外套系列作品。为了能更好地与企业合作，形成校企联盟，共同培养学生，锻炼学生独立完成产品的设计、制版和工艺流程的能力，我们进行了多方探讨和研究，制订了本项目。

【项目分析】

本项目由男外套的设计、男外套的制版和男外套的工艺三个大任务组成。任务一男外套的设计由男外套的概念与演变、男西服款式设计、男西服平面款式图绘制、休闲西服款式设计和男休闲装款式设计五个子任务组成。任务二男外套的制版由正装男外套、休闲男外套和运动男外套结构设计三个子任务组成。任务三男外套的工艺主要讲述了其中一款正装男外套的缝制工艺。

【项目目标】

1.知识和技能目标：了解男外套的概念和演变、种类与风格；理解男外套的结构制图原理和重难点；掌握男外套的设计手法、结构设计和缝制工艺等。

2.情感目标：通过男外套项目教学，使学生系统地了解服装产品的设计、制版和工艺的流程，让学生做到心中有数，在面对就业时会更有自信，能更好地融入今后的工作。

【项目实施】

任务一 男外套的设计

子任务一 男外套的介绍

提到男外套，最具代表性的当数男西服。随着我国的经济生活日益融入国际社会，西服已成为中国男性出入正式场合的正式装束。通过正装类男西服的变化设计，男西服还有休闲类西服和运动类西服两类。（图2-1-1）

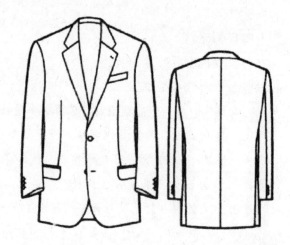

A. 正装男西服

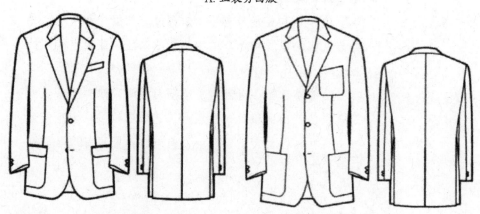

B. 运动类西服   C. 休闲类西服

图 2-1-1 男外套的变化分类

休闲类西服又称休闲外套，在面料和颜色的使用上不受限制，大多采用粗纺毛料、灯绒、亚麻、丝、棉或混纺等肌理感相对较强的面料；色彩根据个人爱好而定，图案选择条纹、方格、印花均可。穿着上不必成套，上下装搭配可有多种变化。

在裁剪上加放度适当增大，衣长放长，上装外口多为贴袋，前后衣片作弧形或其他各种形状，并缉以明线，显得宽松、自然、随意。同时可与各种圆领、中山领羊毛衫、T恤衫或针织衣搭配；不系领带，可以配以丝巾或其他饰品。多在工余、度假、游玩时穿着。

运动类西服的整体结构采用单排三粒扣装形式，颜色多用纯度较高的深蓝色配浅色条格裤子，面料采用较疏松的毛织物。为增加运动气氛，纽扣多采用金属扣。袖口以装饰两粒扣为准。明贴袋。明线装饰是运动西服的基本特点。在造型风格上显示出亲切、愉快、自然的趣味。

本书将主要介绍正装男外套和休闲男外套的设计。

子任务二 男外套的设计

一、正装男外套的设计

1. 正装男外套的概述

西服（图 2-1-2）是男士生活中必不可少的装束，一件合身、合体、做工精湛的西服不仅仅是男士商务活动之必备，而且是品味和地位的象征。

图 2-1-2　正装男西服

现代西服是由17世纪普鲁士士兵军服演变而来，驳领、插花眼、手巾袋、开衩等这些最初特有的细节，随着历史的发展逐渐演变成为装饰设计细节。

西服可以由两件套或三件套组成。两件套包括西服上装和西服裤子，三件套则多一件背心或马甲。西服是目前被全世界公认并接受的正装，适用于各类场合，其影响早已从欧洲扩大到国际社会。西服款式的流行，一直是与时俱进的。20世纪40年代，男西服的特点是宽肩收下腰，胸部饱满，驳头宽大，袖口和裤口收紧，以突出男性挺拔的身材。50年代中后期，男西服开始采用斜肩、窄驳领。70年代的男西服开始复古，趋向于40年代前的流行款式。70年代末期至80年代初期，男西服的变化方向是西服腰部较宽松，驳领适中，造型自然匀称。西服设计是最传统、最经典的男装设计，也是创新限制最大的设计，因此它最重视细节设计。

2. 正装男外套的设计

西服包括用同一种面料做成的上装和裤子（有时还包括背心）。100多年以来，西服的概念一直是这样的，可是在100多年前的数百年里，男人们穿的西服却多半不是这样的。那时的上装、背心和裤子并不是用同一种面料做成的。

西服的上装有两种基本款式：单排扣西服和双排扣西服。单排扣西服一般都有2颗到4颗扣子，而且只扣其中最上面的2颗。（图2-1-3）双排扣西服则有4颗或者6颗扣子，而最上面的一对扣子总是只起装饰作用的。（图2-1-4）

图2-1-3 单排扣西服

图 2-1-4 双排扣西服

（一）廓型设计

版型是西服品质的一个重要指标。西服的版型主要有欧版、美版、英版、日版四种类型。所谓版型，就是指西服的外观轮廓形体。

1.欧版西服

欧版西服是在欧洲大陆，比如意大利、法国等地流行的西服。欧版西服基本轮廓的倒梯形，实际上就是肩宽收腰，这与欧洲男人比较庞大魁梧的身材相吻合。双排扣、收腰、宽肩，是欧版西服的基本特点。最重要的代表品牌有杰尼亚、阿玛尼、费雷等。（图 2-1-5）

欧版西服肩线柔软，并超出了自然的肩膀线，翻领达到最高点，而且比英式剪裁更宽，挂起后背部垂直，并向底边逐渐收起，外套背部袖缘上有轻微的折痕，袖子比英式剪裁更宽，左手边有胸里袋。

图 2-1-5 欧版西服

2.美版西服

美版西服的基本轮廓特点是 O 形。它宽松肥大，适合于休闲场合穿。所以美版西服往往以单件居多，一般都是休闲风格。强调舒适、随意，是美国人的特点。（图 2-1-6）

美版西服肩线软而圆，翻领，后背有开衩，衣身较长，单排扣，1 到 2 粒纽扣，挂起后垂直，左手边有胸里袋，口袋上有兜盖。

图 2-1-6 美版西服

3.英版西服

英版西服与欧版类似。单排扣，领子比较狭长，一般是3粒扣子的居多，其基本轮廓也是倒梯形。两侧开衩叫骑马衩，这和英国人的马术运动有关，骑马的时候比较方便，还有一种是后侧中间开衩。

英版西服为加衬垫的直肩线，领口左手边开有一个纽扣孔，有明显的腰线。如果是单排扣，外套前幅有轻微的弧线；如果是双排扣，外套前幅方直，翻领较宽，左手边有一个胸里袋，口袋上有兜盖。（图2-1-7）

图2-1-7　英版西服

4.日版西服

日版西服的基本轮廓是H形的。它适合亚洲男人的身材，没有宽肩，也没有细腰。一般多是单排扣，衣后不开衩。（图2-1-8）

（二）细部设计

标志西服品质的另一个重要指标就是细节。西服的细部设计主要包括口袋款式、纽扣材质、内袋、真眼、真衩等。这些精致的小细节能让平凡的男西服更有个性。

1.袖扣设计

西服袖口要有纽扣，历史原因众说纷纭，有说是为了鼓励使用手帕，有说是为了方便男士在洗手的时候不必脱下西服上衣。不管是什么原因导致西服袖口必须要有纽扣，如今纽扣是西服袖口重要的一部分。西服的袖扣，有1粒到4粒不等，不

图2-1-8　日版西服

管是几粒，都应该和西服纽扣的数量相匹配。袖口扣眼分两种：真扣眼和假扣眼。

高档西服一定是采用真眼真扣，而普通西服都是假眼，不能解开。（图2-1-9）

图 2-1-9　袖扣设计

2. 口袋设计

西服口袋有很多不同的款式选择，最正式的西服口袋是双嵌线袋，给人以平整、优雅的感觉，在正式西服上最常看到这种口袋。第二种西服口袋是双嵌线有袋盖挖袋，正式程度稍微低一些。这两种口袋是西服上使用最多的。还有一种西服口袋是贴袋，这种口袋是最休闲的口袋样式，通常用在休闲西服上。（图 2-1-10）

正常口袋　　　　　　　　正常口袋加票袋　　　　　　双开线口袋

图 2-1-10　口袋设计

除了侧边的西服口袋，有些西服，特别是纯手工定制的西服和高级定制西服，在穿着者主导那侧的口袋上方会带有一个票据袋。现代更多的只是作为高档定制西服的一个标志。西服胸部还要一个手巾袋，这个胸袋是永远敞开的，里面只能放口袋巾或者手帕。

西服内侧口袋的变化则很多。有些西服只有一个内侧口袋，通常在左边，更多的是两边都有内侧口袋。这些内侧口袋通常必须足够大，以装下常规大小的钱包、卡片包、手机等。

3. 开衩设计

男西服上衣开衩有三种款式，分别是单开衩、双开衩和无开衩。无开衩西服，其缺点是坐下时西服很容易起皱。单开衩西服仅在西服后背下部开衩，坐下的时候西服会自然分开。双开衩西服有两道开衩，分别在身体两侧，通常就在西裤口袋后一点，这样更容易把手伸入西裤口袋。双开衩口袋更便于穿着者坐下，有更多的自由度，可以防止西服下摆折起造成西服褶皱。（图 2-1-11）

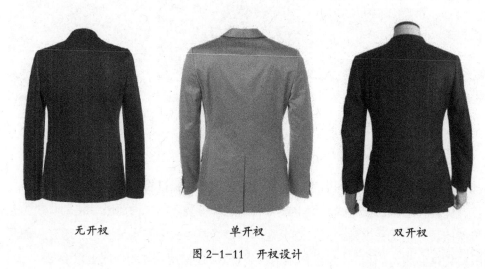

无开衩　　　　　　　单开衩　　　　　　双开衩

图 2-1-11　开衩设计

4. 肩部设计

肩部是西装外形轮廓上最显眼的部分，对于脸部和头部的展示效果非常重要。使用适当的垫肩对于服装的造型非常重要。肩部造型一般有平肩、自然肩和斜肩等。肩型的设计要和整件西服的风格相适应。

5. 驳领设计

西服驳头有三种款式：

（1）平驳领：在驳头和领子连接处有一个宽度的 V 形口。

（2）戗驳领：在驳头和领子连接处只有一个狭小的 V 形口，并且有一个尖角突出。

（3）青果领：驳头和领子没有明显的连接，围绕脖子形成一个弧线，一直到驳头结束的地方。

平驳领和戗驳领都是很经典的，平驳领是传统样式，属于学院派，更有助于增加穿着者的书卷气；戗驳领一般更多地搭配双排扣，看起来更时髦，显得人更有气势；青果领一般仅限于非常正式的西服。驳头的宽度、高度、长度直接影响西服的造型风格。较宽的驳头最宽可达到 8cm 左右，显得粗犷，休闲感强；阔领的尖驳头款式，有点复古，派头十足；而较窄的驳头设计显得精致、干练、时尚。（图 2-1-12）领子的其他变化设计可以参考本书女西装领设计中的知识点，此处略。

平驳领　　　　　　戗驳领　　　　　　青果领

图 2-1-12　西服驳头基本款式

6.纽扣位设计

西服上衣纽扣有单排扣和双排扣之分。单排扣西服可以有 1~4 粒纽扣，一粒扣可以让身材显得修长，让人看起来更瘦，通常用于礼服。两粒扣是西服的经典款式，由于它能够露出更多的衬衫和领带，一般也能让穿着者显得更瘦一些，基本上适合所有人穿着。三粒扣的款式比较传统，里面搭配马甲，起源于英国绅士骑马时穿着的上衣，如果穿着适当，三粒纽扣的西服上衣能让穿着者显得更高一些。传统的习惯是，当站立时，只有中间那颗纽扣或第二颗纽扣是扣上的，但有时候我们也会扣上最上面的两颗纽扣，这样看上去会更正式一些。男士常穿的单排扣西服款式以两粒扣、平驳领、高驳领、圆角下摆为主。（图 2-1-13）

单排三粒扣　　　　　单排两粒扣　　　　　单排一粒扣

图 2-1-13　单排扣设计

双排扣西服据说最早起源于海员的制服，在海上随风向变化可以选择不同方向的扣子。双排扣的西服上衣，最常见的有两粒纽扣、四粒纽扣、琉璃纽扣三种。两粒纽扣、琉璃纽扣的双排扣西服上衣属于流行的款式，而四粒纽扣的双排扣西服上衣则明显具有传统风格。男子常穿的双排扣西服是六粒扣、戗驳领、方角下摆款。（图 2-1-14）

双排两粒扣　　　　　　　双排四粒扣　　　　　　　双排六粒扣

图 2-1-14　双排扣设计

7. 插花眼设计

大多数西服驳领上会有一个插花眼，一般在左边的驳头上，大约在串口下面3cm 处，在非常考究的西服上，在右边的驳头相应的位置上会有一粒纽扣。大多数西服上的插花眼是正开缝的，讲究些的话，在驳头后面，插花眼的位置还会缝上一圈面料，这是为了方便固定小插花。不过插花眼上插花的机会还是比较少的，仅限于一些重要的或特殊的场合，例如，婚礼上的新郎或伴郎、追悼会上的来宾等。（图 2-1-15）

图 2-1-15　插花眼设计

二、休闲男外套的设计

1. 休闲男外套的概述

休闲外套，俗称便装外套。概括地说是休息和休闲时衣着的总称，它是人们在无拘无束、自由自在的休闲生活中穿着的服装。如牛仔沙滩装、西服便装、休闲夹克、家居服等。休闲外套的种类繁多，本节主要以夹克衫为例。

2. 休闲男外套的设计

（1）夹克衫领子的设计。（图 2-1-16）

立领夹克衫   翻领夹克衫

翻驳领夹克衫   连帽领夹克衫

图 2-1-16　夹克衫领子的设计

（2）夹克衫袖口的设计。（图 2-1-17）

（3）夹克衫下摆的设计。（图 2-1-18）

基础袖口　　　罗纹袖口　　基本袖和罗纹袖的组合　　袖克夫　　　袖口袢

图 2-1-17　夹克衫袖口的设计

基本下摆　　　　　　　　　　　　　罗纹下摆

图 2-1-18　夹克衫下摆的设计

（4）夹克衫口袋的设计。（图 2-1-19）

 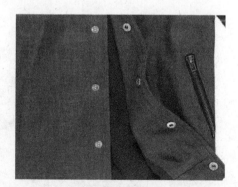

装拉链斜插袋　　　　　　　　　暗插袋（分割处）

贴袋　　　　　　　　　　　　　　单嵌条斜插袋

有袋盖斜插袋　　　　　　　　　左右不对称组合口袋

图 2-1-19　夹克衫口袋的设计

（5）夹克衫门襟的设计。（图 2-1-20）

单排扣门襟　　　　　　　　　　双排扣门襟

拉链门襟

按扣门襟

拉链和按扣组合门襟

拉链和纽扣组合门襟

图 2-1-20　夹克衫门襟的设计

任务拓展

（1）请同学们围绕正装男西服的几个设计要素，分别设计 3 个不同设计要素的正装男外套系列。

（2）休闲男外套的设计平台比较大，请同学们以小组为单位，设计 3 个不同的设计主题，完成休闲男外套的系列设计。

任务二 男外套的结构设计

子任务一 正装男外套的结构设计

一、任务分析

1.款式概述

本款结构为三开身平驳领西服，款式为平驳西装领，单排扣，合体 H 型。前片大袋为双嵌线有袋盖挖袋，左右对称，左胸有手巾袋。左驳头插花眼一个，门襟钉 2 粒纽扣。腰节处收省及肋省，肋省为通底省，有肚省，后片中间开背缝，止口圆角。袖形为原装两片袖，袖口处开衩钉装纽扣左右各 3 粒。（图 2-2-1）

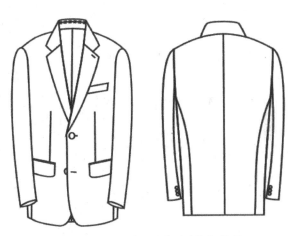

图 2-2-1　正装男外套款式图

2.制图规格（单位：cm）

号型	后中长	肩宽	胸围	袖长	袖肥	袖口	领高
170/88A	76	45	104	60	40	28	6.5

二、任务实施

（一）正装男外套结构制图步骤（图 2-2-2、图 2-2-3）

1.后中线

2.上平线

3.后领横宽：基础 8cm

4.后领深：基础 2.5cm

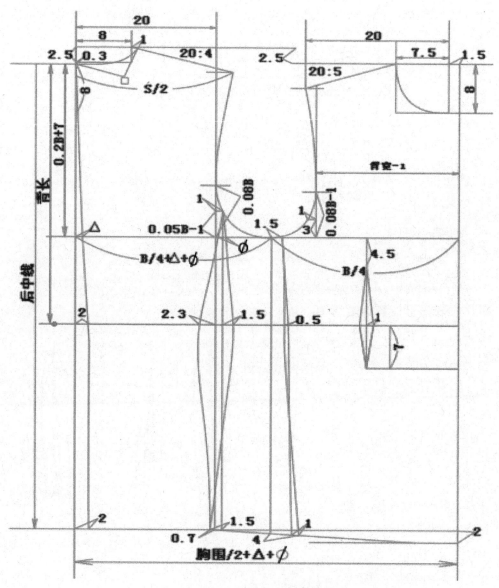

图 2-2-2　正装男外套框架图

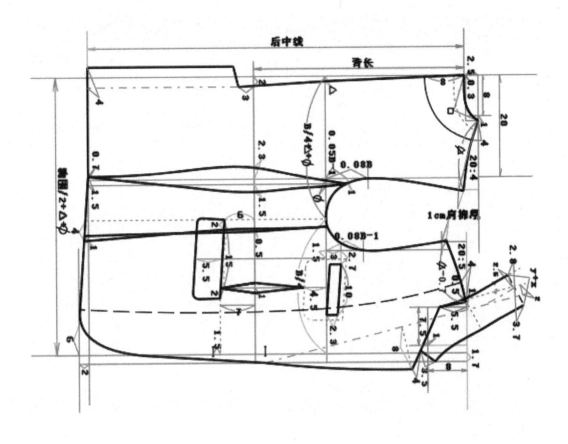

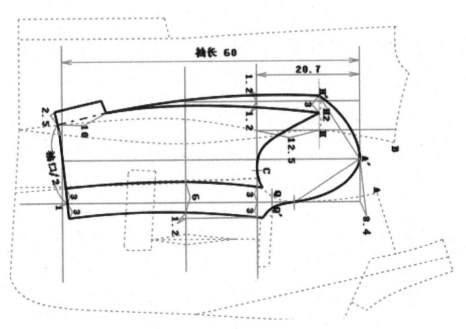

图 2-2-3　正装男外套结构制图

5. 后肩斜：20：4

6. 后肩宽：肩宽 /2=20.2

7. 后背宽：0.2 胸围 −1=20.2

8. 袖窿深：0.2 胸围 +7=28.2

9. 腰节线：背长 42.5cm

10. 脚围线：后领开深 0.3cm，最后中长 76cm

11. 后中缝

12. 后侧缝

13. 前中线：胸围 /2

14. 叠门线：1.7cm

15. 前上平线：低落 2.5cm

16. 前劈门：1.5cm

17. 前领横宽：基础 7.5cm

18. 前领深：基础 8cm

19. 前肩斜：20：5

20. 前肩宽：五角星 −0.7

21. 前胸宽：背宽 −1=19.2

22. 胸围分界点：前胸围 /4

23. 手巾袋：10cm × 2.3cm

24. 袋位、袋盖

25. 前侧缝线

26. 前腰省

27. 开宽前后领横 1cm

28. 抬高肩斜：肩棉有效厚度 1cm

29. 领子

30. 纽门

31. 底边起翘，圆角

32. 后衩

33. x=2.8,   y=3.7

34. A'Q'=AQ+0.8   A'H'=BH+0.8   H'C=HC+0.7

（二）正装男外套放缝图（图 2-2-4）

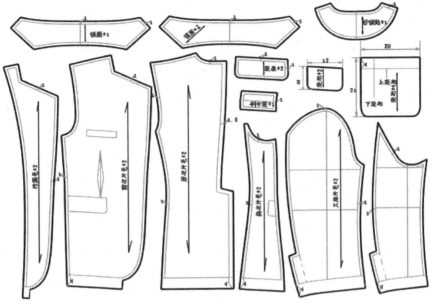

图 2-2-4　正装男外套放缝图

（三）正装男外套排料图（图 2-2-5、图 2-2-6）

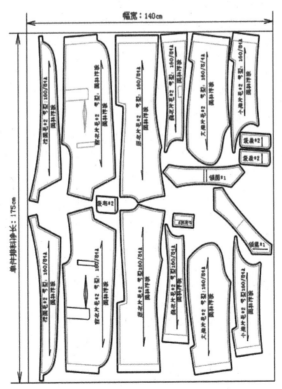

图 2-2-5　正装男外套单件单层面料排法

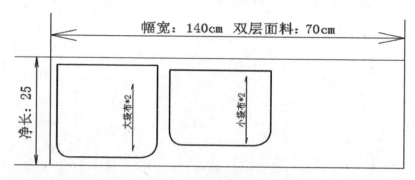

图 2-2-6　正装男外套双层里料排法

三、任务评价

项目	权重分	细节要求	得分
正装男外套	5分	构图好，制图熟练规范	
	15分	公式标齐，尺寸清楚，文字有标注	
	10分	轮廓线分明，图纸清晰	
	10分	直线顺直，弧线圆顺	
	10分	无遗漏的部位，符号标齐，完整性好	
	10分	零部件配齐，无遗漏	
	10分	放缝方法准确，有标注	
	10分	刀眼、钻眼位置标准确，无遗漏	
	10分	裁片齐全，无遗漏	
	10分	样板上有纱向与文字标注并规范	
总分	100分		

四、任务拓展

　　请回家测量你父亲（或男性亲属）的尺寸，以此款正装男西服为模板，给他设计纸样。

子任务二 休闲男外套的结构设计

一、休闲男外套款式一：圆角贴袋休闲男外套

（一）任务分析

1.款式概述

主要款式特征为：圆角平驳头，单排扣，外形为 H 形。前片大袋为圆角大贴袋，左右各一，左胸一个手巾袋。左驳头插花眼一个，门襟钉单排 3 粒扣。腰节处收胸省及腋下通底省，不收肚省。后片中间开背缝，止口圆角。袖形为圆装两片袖，袖口处开衩，钉装饰纽扣左右各 3 粒。（图 2-2-7）

图 2-2-7　圆角贴袋休闲男外套款式图

2.制图规格（单位：cm）

号型	后中衣长	肩宽	胸围	袖长	袖口	背长
170/88A	74	46	103	61	15	43

（二）任务实施

1.圆角贴袋休闲男外套结构制图（图 2-2-8）

2.圆角贴袋休闲男外套放缝图

（1）面料衣身样板放缝图。（图 2-2-9）

（2）面料零部件样板放缝图。（图 2-2-10）

（3）里料样板放缝图。（图 2-2-11）

（4）衬料样板放缝图。（图 2-2-12）

3.圆角贴袋休闲男外套排料图

（1）面料样板排料图。（图 2-2-13）

（2）里料样板排料图。（图 2-2-14）

（3）衬料样板排料图。（图 2-2-15）

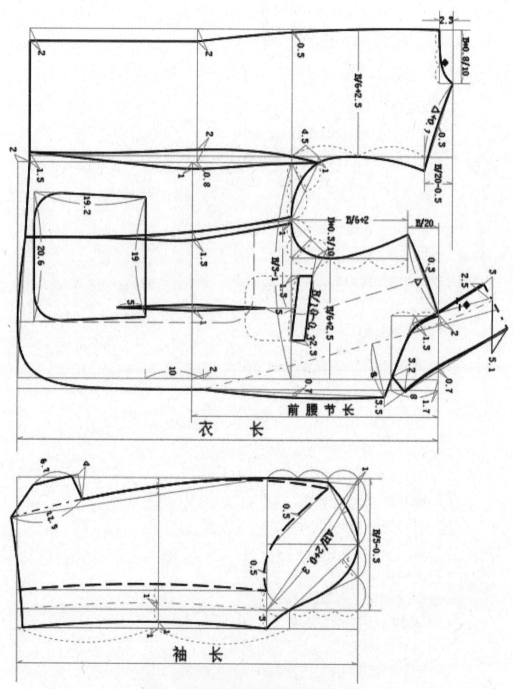

图 2-2-8 圆角贴袋休闲男外套结构制图

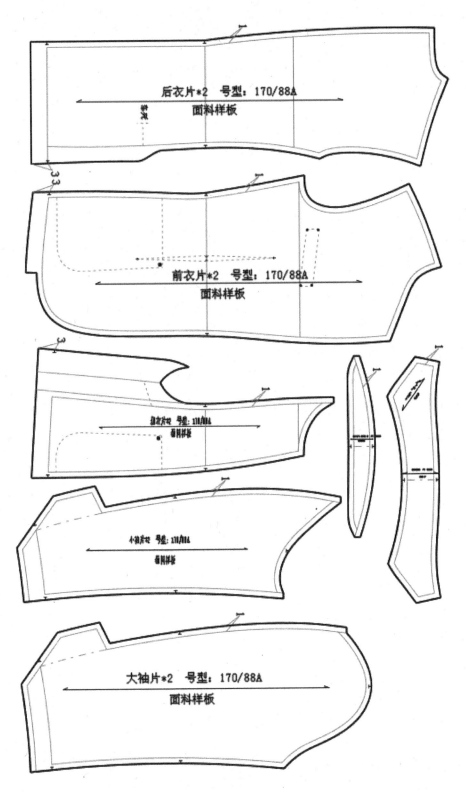

图 2-2-9　圆角贴袋休闲男外套面料衣身样板放缝图

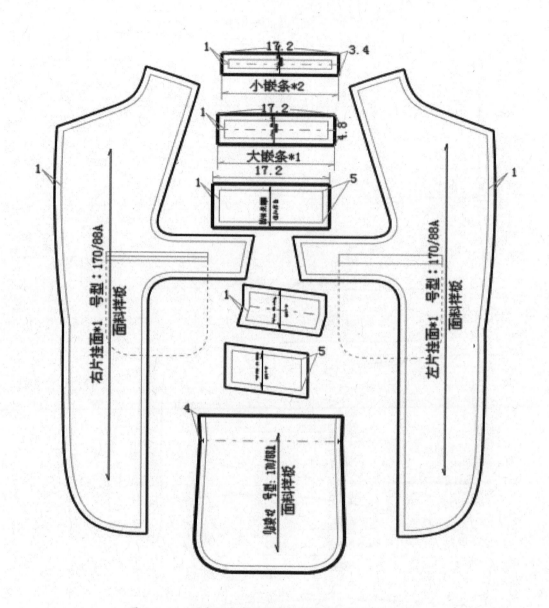

图 2-2-10　圆角贴袋休闲男外套面料零部件样板放缝图

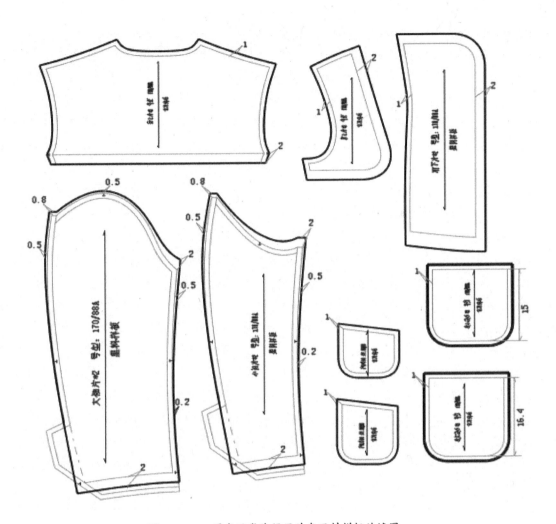

图 2-2-11　圆角贴袋休闲男外套里料样板放缝图

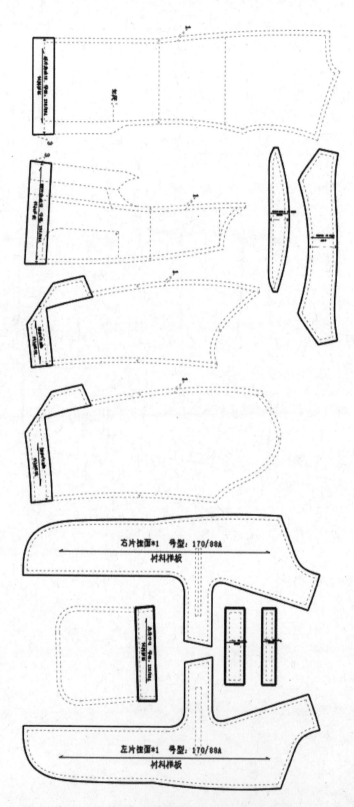

图 2-2-12　圆角贴袋休闲男外套衬料样板放缝图

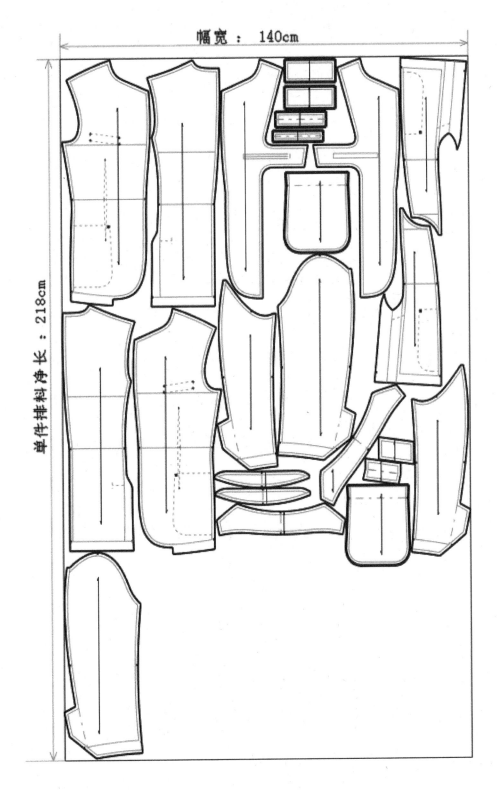

图 2-2-13　圆角贴袋休闲男外套单件单层面料排法

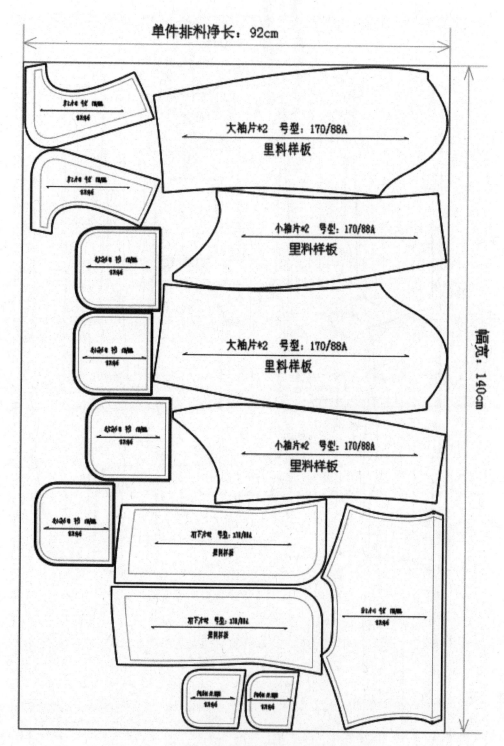

单件排料净长：92cm

幅宽：140cm

大袖片*2　号型：170/88A
里料样板

小袖片*2　号型：170/88A
里料样板

大袖片*2　号型：170/88A
里料样板

小袖片*2　号型：170/88A
里料样板

图 2-2-14　圆角贴袋休闲男外套单件单层里料排法

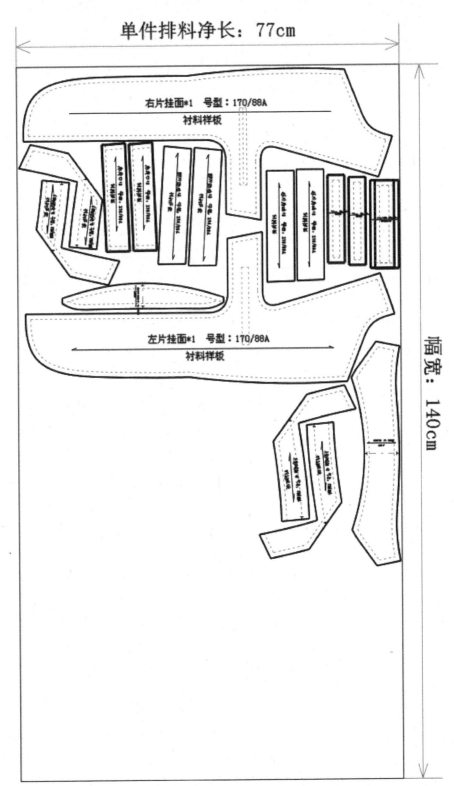

单件排料净长：77cm

右片挂面*1　号型：170/88A
衬料样板

左片挂面*1　号型：170/88A
衬料样板

幅宽：140cm

图 2-2-15　圆角贴袋休闲男外套单件单层衬料排法

（三）任务评价

项目	权重分	细节要求	得分
圆角贴袋休闲男外套	5分	构图好，制图熟练规范	
	15分	公式标齐，尺寸清楚，文字有标注	
	10分	轮廓线分明，图纸清晰	
	10分	直线顺直，弧线圆顺	
	10分	无遗漏的部位，符号标齐，完整性好	
	10分	零部件配齐，无遗漏	
	10分	放缝方法准确，有标注	
	10分	刀眼、钻眼位置标准确，无遗漏	
	10分	裁片齐全，无遗漏	
	10分	样板上有纱向与文字标注并规范	
总分	100分		

（四）任务拓展

请将本款圆角贴袋休闲男外套的领子改为戗驳领，进行结构设计。

二、休闲男外套款式二：关门领男夹克

（一）任务分析

1.款式概述

款式特色：这是一款较为朴实的夹克。关门领，一片袖，袖口，下摆作裥收小，两上盖袋较低，腋下分割处做插袋。（图2-2-16）

图 2-2-16　关门领男夹克款式图

着装指南：以年轻人为对象，可选用深蓝、湖蓝类的牛仔布、棉布等，成衣生产可作水磨处理。

制版说明：衣长不宜过长，一般为0.4号长，放松量也不宜过大，间隔适当加宽。

2.制图规格（单位：cm）

号型	胸围	总肩	领大	衣长	袖长	袖口
175/96	124	20	44	73	62	21

（二）任务实施

1.关门领男夹克结构制图（图 2-2-17）

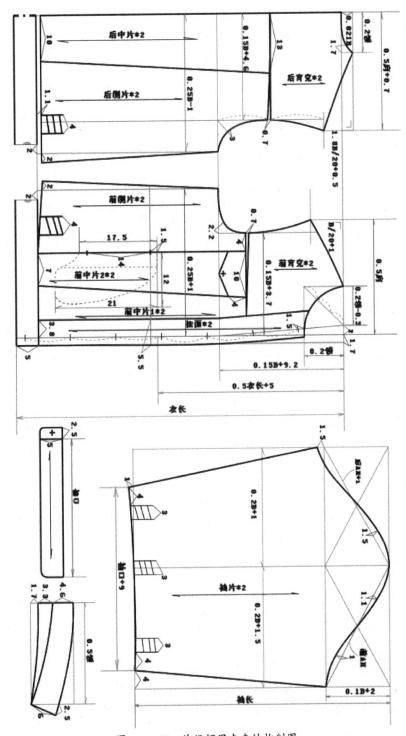

图 2-2-17　关门领男夹克结构制图

2.关门领男夹克放缝图（图 2-2-18）

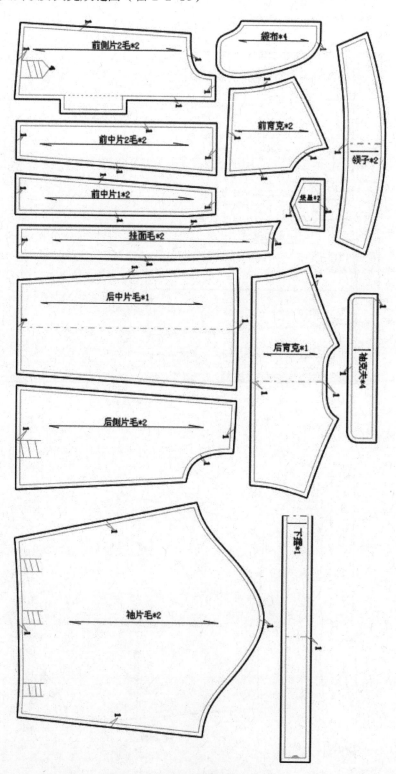

图 2-2-18　关门领男夹克放缝图

3.关门领男夹克排料图（图2-2-19、图2-2-20）

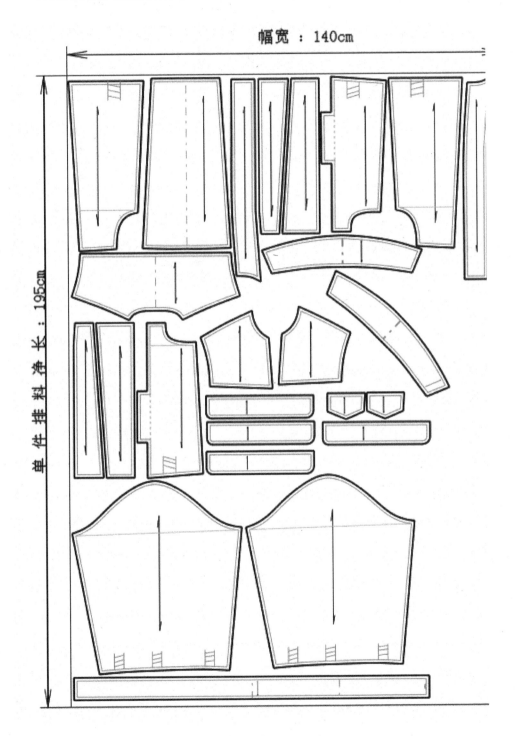

图2-2-19 关门领男夹克单件单层面料排料图

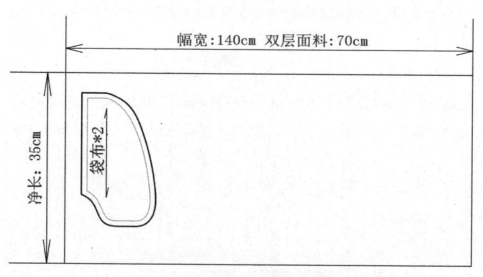

图 2-2-20　关门领男夹克里料排料图

（三）任务评价

项目	权重分	细节要求	得分
关门领男夹克	5分	构图好，制图熟练规范	
	15分	公式标齐，尺寸清楚，文字有标注	
	10分	轮廓线分明，图纸清晰	
	10分	直线顺直，弧线圆顺	
	10分	无遗漏的部位，符号标齐，完整性好	
	10分	零部件配齐，无遗漏	
	10分	放缝方法准确，有标注	
	10分	刀眼、钻眼位置标准确，无遗漏	
	10分	裁片齐全，无遗漏	
	10分	样板上有纱向与文字标注并规范	
总分	100分		

（四）任务拓展

请将本款夹克衫的领子改为西装领，袖子改为两片袖，数据不变，进行结构设计。

子任务三 运动男外套的结构设计

一、任务分析

1.款式概述

运动性服装与运动服不同，它是指具有运动特点的便装，仍属生活服装的范畴。当然最初它们也都是专门的运动服，只是它良好的功能性被生活所俘虏。由于它在施用材料上以针织物面料为主，因此造型更加完整、简洁，纸样设计也灵活自如，内在结构的制约因素较小，板型尺寸不够严格，但它可以通过针织面料所具有的良好伸缩性能加以调解。主体纸样采用变形结构。（图 2-2-21）

本节所提供的设计，采用插肩一片袖、两片身和连体帽结构，是一个典型的为针织面料而设计的运动服纸样。插肩袖设计由于材料的原因，前后袖片可以连成一体（这种设计在机织面料中不够合理而不宜使用），在纸样处理上前后肩线和袖中线要顺成一条直线以利前后袖片合并。袖山高是根据基本袖山高减去袖窿开深量获得的，这种比例在插肩袖纸样设计中仍适用，但按照其结构原理，袖中线的贴体度不会与肩线顺成一条直线，然而在具有良好弹性的针织面料的结构中是允许的。

图 2-2-21 运动男外套款式图

帽子设计采用左、右两片结构。它是在前、后身处理成套头式结构的基础上进行的，领口要开到足能使头部通过的尺寸为止，并以此作为帽子设计的依据。同时，以测量从前颈点过头顶再回到前颈点加上必要的松量作为帽檐儿口尺寸的依据。以修正后的领窝作为帽底线，并向下弯曲来确定帽子纸样的宽，以帽檐儿口尺寸的 1/2 来确定帽子纸样的高，帽子的纸样设计便完成了。

口袋设计在腹部成左、右手共用的通贴袋，袋口利用梯形贴袋的两侧斜线。袖头和衣摆边均采用罗纹针织物。

2.制图规格（单位：cm）

号型	胸围	衣长	背长	袖长	袖肥	袖口
170/90A	124	61	43	50	58	16

二、任务实施

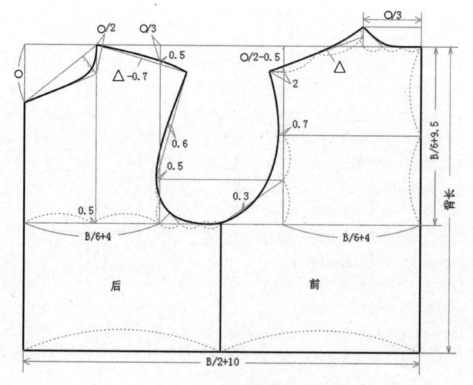

图 2-2-22　运动男外套原型结构制图

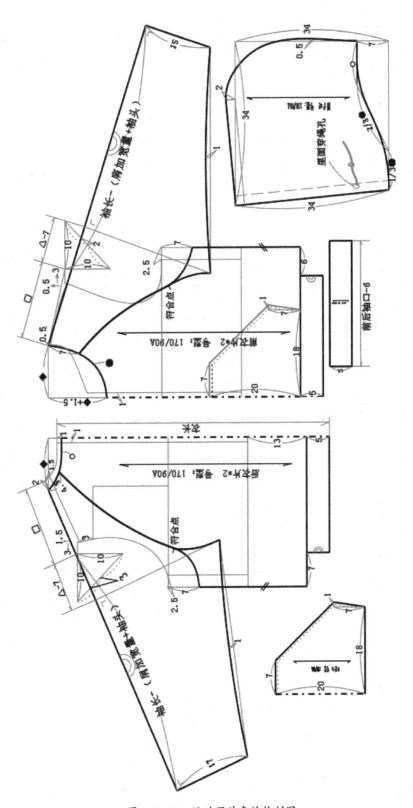

图 2-2-23 运动男外套结构制图

1.运动男外套的结构制图（图2-2-22、图2-2-23）

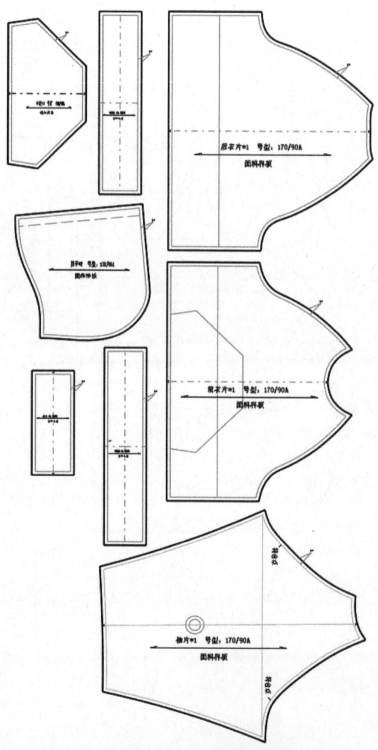

图 2-2-24　运动男外套放缝图

2.运动男外套的放缝图（图2-2-24）

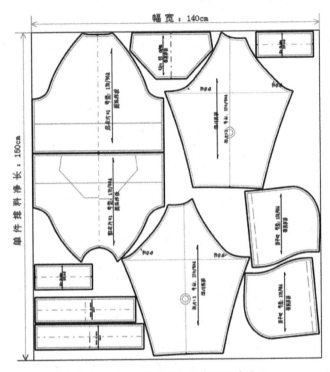

图2-2-25 运动服单件单层面料排法

3.运动男外套的排料图（图2-2-25）

三、任务评价

项目	权重分	细节要求	得分
运动男外套	5分	构图好，制图熟练规范	
	15分	公式标齐，尺寸清楚，文字有标注	
	10分	轮廓线分明，图纸清晰	
	10分	直线顺直，弧线圆顺	
	10分	无遗漏的部位，符号标齐，完整性好	
	10分	零部件配齐，无遗漏	
	10分	放缝方法准确，有标注	
	10分	刀眼、钻眼位置标准确，无遗漏	
	10分	裁片齐全，无遗漏	
	10分	样板上有纱向与文字标注并规范	
总分	100分		

四、任务拓展

设计一款前门襟开拉链的男式运动服，并用结构制图表达出来。

任务三 男外套的缝制工艺

子任务 正装男外套的缝制工艺

一、男西服的质量评判标准

（一）男西服的成品主要部位规格极限偏差（单位：cm）

序号	部位名称	允许偏差
1	衣长	±1.0
2	胸围	±2.0
3	领大	±0.6
4	总肩宽	±0.6
5	袖长	±0.7

（二）男西服的对条对格规格

部位	对条对格规定
左右前身	条料对格，格料对横，互差不大于0.3cm
手巾袋与前身	条料对格，格料对横，互差不大于0.2cm
大袋与前身	条料对格，格料对横，互差不大于0.3cm
袖与前身	袖肘线以下与前身格料对横，两袖互差不大于0.5cm
袖缝	袖肘线以上，前后袖缝格料对横，互差不大于0.3cm
背缝	以上部为准，条料对称，格料对横，互差不大于0.2cm
背缝与后领面	条料对条，互差不大于0.2cm
领子驳头	条格料左右对称，互差不大于0.2cm
摆缝	袖窿以下10cm处，格料对横，互差不大于0.3cm
袖子	条格顺直，以袖山为准，两袖互差不大于0.5cm
注：特别设计不受此限	

（三）男西服质量评判标准表

项目	序号	轻缺陷	重缺陷	严重缺陷
外观及缝制质量	1	商标不端正，明显歪斜；钉商标线与商标底色的色泽不适应	使用内容不准确	使用说明内容缺项
	2			使用粘合衬部位脱胶、渗胶、起皱
	3	领子及驳头面、衬、里松紧不适应；表面不平挺	领子及驳头面、衬、里松紧明显不适应；不平挺	
	4	领口、驳头、串口不顺直；领子、驳头止口反吐		
	5	领尖、领角、驳头左右不一致，肩圆对比互差不大于0.3cm；领豁口左右明显一致		
	6	绱领不牢固	绱领严重不牢固	
	7	领窝不平服、起皱；绱领（领肩缝对比）偏斜大于0.5cm	领窝严重不平服、起皱；绱领（领肩缝对比）偏斜大于0.7cm	
	8	领翘不适宜；领外口松紧不适应；底领外露	领翘严重不适宜；底领外露大于0.2cm	
	9	肩缝不顺直；不平服	肩缝严重不顺直；不平服	
	10	两肩宽窄一致，互差大于0.5cm	两肩宽窄不一致，互差大于0.8cm	
	11	胸部不挺括，左右不一致，腰部不平服	胸部严重不挺括，腰部严重不平服	
	12	袋位高低互差大于0.3cm，前后互差大于0.5cm	袋位高低互差大于0.8cm，前后互差大于1.0cm	
	13	袋盖长短、宽窄互差不大于0.3cm，口袋不平服、不顺直；嵌线不顺直、宽窄不一致；袋角不整齐	袋盖小于袋口（贴袋）0.5cm（一侧）或小于嵌线；袋布垫料毛边无包缝	
	14	门襟、里襟不顺直、不平服；止口反吐	止口明显反吐	
	15	门襟长于里襟，西服大于0.5cm，大衣大于0.8cm；门、里襟明显搅豁		
	16	眼位距离偏差大于0.4cm；扣眼歪斜、眼大小互差大于0.2cm		
	17	底边明显宽窄不一致；不圆顺；里子底边宽窄明显不一致	里子短，面明显不平服；里子长，明显外露	
	18	绱袖不圆顺，吃势不适宜；两袖前后不一致，大于1.5cm；袖子起吊、不顺	绱袖明显不圆顺，两袖前后不一致，大于2.5cm；袖子明显起吊、不顺	

续　表

项目	序号	轻缺陷	重缺陷	严重缺陷
外观及缝制质量	19	袖长左右对比互差大于 0.7cm；两袖口对比互差大于 0.5cm	袖长左右对比互差大于 1.0cm；两袖口对比互差大于 0.8cm	
	20	后背不平、起吊；开衩不平服、不顺直；开衩止口明显搅豁；开衩长短互差大于 0.3cm	后背明显不平服、起吊	
	21	衣片缝合明显松紧不平、不顺直；连续跳针（30cm 内出现两个单跳针按连续跳针计算）	表面部位有毛、脱、漏（影响使用和牢固）；链式缝迹跳针有一处	
	22	有叠线部位漏叠两处（包括两处）以下；衣里有毛、脱、漏	有叠线部位漏叠超过两处	
	23	明线宽窄、弯曲	明线双轨	
	24	滚条不平服、宽窄不一致；腰节以下活里没包缝		
	25	轻度污渍；熨烫不平服，有明显水花；亮光；表面有大于 1.5cm 的死线头 3 根以上	有明显污渍，污渍大于 2cm²；水花大于 4cm²	有严重污渍，污渍大于 50cm²；烫黄、破损等严重影响使用和美观
	26		拼接不符合规定	
色差	27	表面部位色差不符合本标准规定的半级以内；表面有大于 1.5cm 的死线头 3 根以上	表面部位色差不符合本标准规定的半级以上；衬布影响色差不低于 3 级	
辅料	28	里料、缝纫线的色泽、色调与面料不相适应；钉扣线与扣的色泽、色调不适应	里料、缝纫线的性能与面料不适应	
疵点	29	2、3 部位超本标准规定	1 部位超本标准规定	
对条对格	30	对条、对格、纬斜超本标准规定 50% 及以内	对条、对格、纬斜超过本标准 50% 以上	面料倒顺毛，全身顺向不一致；特殊图案顺向不一致
针距	31	低于本标准规定 2 针以内（含 2 针）	低于本标准规定 2 针以上	
规格允许偏差	32	规格超过本标准规定指标 50% 及以内	规格超过本标准规定指标 50% 以上	规格超过本标准规定 100% 及以上
锁眼	33	锁眼间距互差大于 0.4cm；偏斜大于 0.2cm，纱线绽出	跳绳；开线；毛漏；漏开眼	
钉扣及附件	34	扣与眼位互差大于 0.2cm（包括附件等）；钉扣不牢	扣与眼位互差大于 0.5cm（包括附件等）	纽扣、金属扣脱落（包括附件等）；金属件锈蚀

注：（1）以上各缺陷按序号逐项累计计算。
　　（2）本规则未涉及的缺陷可根据标准规定，参照规则相似缺陷酌情判断。
　　（3）凡属丢工、少序、错序，均为重缺陷。缺件为严重缺陷。

二、男西服的单件制作排料与裁剪

在服装制作过程中，排版技术是影响生产成本的重要环节之一。包括用料数量、面料病疵、丝缕方向、倒顺毛关系、对条对格、对花等。

1. 排料的方法

（1）手工花样排版，即用样板在面料上画样排版。

（2）采用服装电脑 CAD 系统排版。

2. 排料时要注意的问题

（1）面料的正反面。

（2）衣片是否对称。

（3）排料的方向性。

（4）点位与分包、打码编码。

3. 排料的原则

以节省用料为基本原则。

（1）先大片后小片。

（2）先主片后附片。

（3）紧密套排。

4. 正装男外套的排料方案（图 2-3-1、图 2-3-2、图 2-3-3）

本次单件排料的面料是单色面料，没有倒顺毛，也无需对条对格。

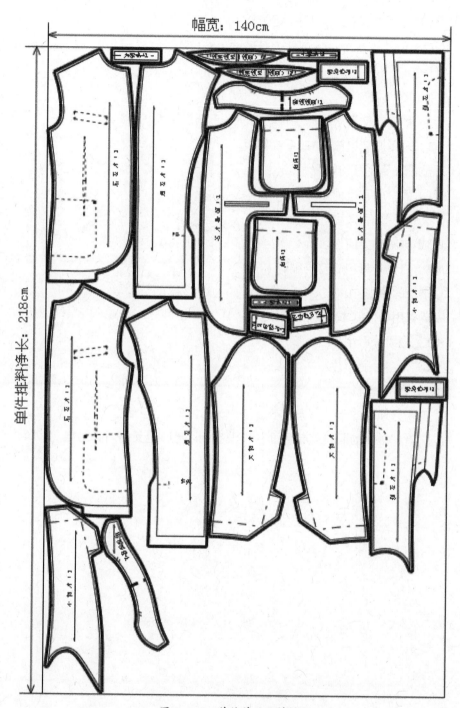

图 2-3-1　单件单层面料排法

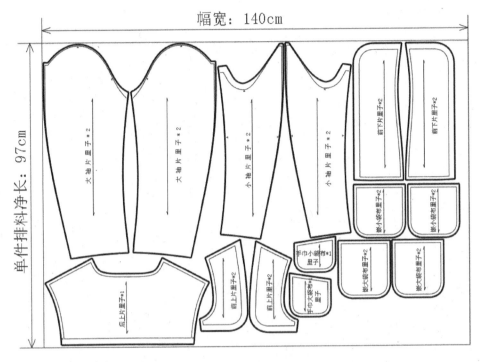

图 2-3-2 单件单层里料排法

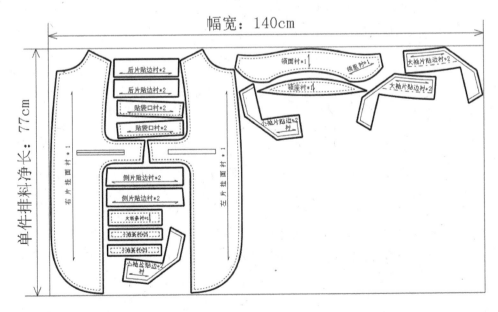

图 2-3-3 单件单层衬料排法

三、正装男外套单件缝制的流程

1. 正装男外套衣身的缝制

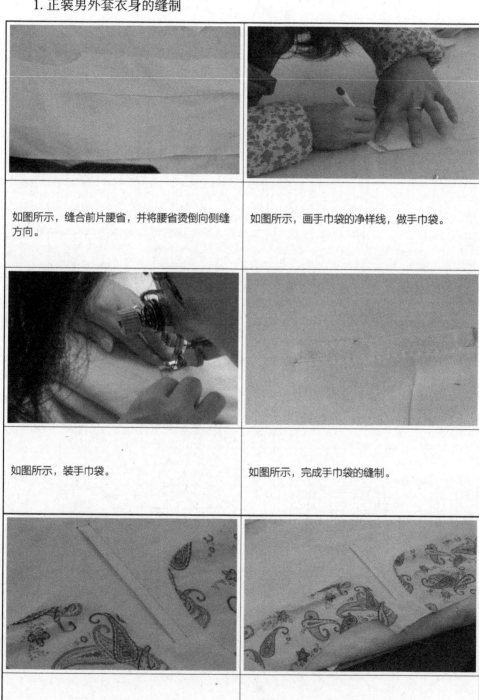

如图所示，缝合前片腰省，并将腰省烫倒向侧缝方向。

如图所示，画手巾袋的净样线，做手巾袋。

如图所示，装手巾袋。

如图所示，完成手巾袋的缝制。

如图所示，在左挂面上装单嵌条。

如图所示，缝合左挂面和前片里子布。

续　表

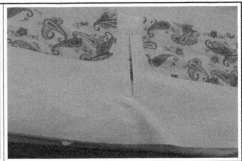

| 如图所示，在右片挂面上装双嵌条。 | 如图所示，将右片挂面和右前片里子布缝合在一起。 |

| 如图所示，缝合后中缝。 | 如图所示，熨烫后中缝。 |

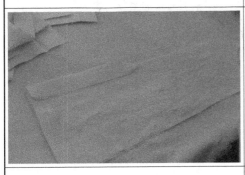

| 如图所示，扣烫左右侧片下摆和开衩。 | 如图所示，缝合后片和侧片，侧片和左右前片。 |

续　表

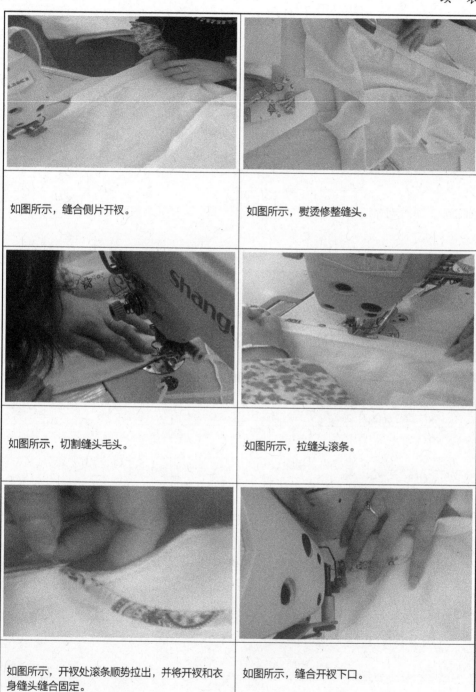

如图所示，缝合侧片开衩。	如图所示，熨烫修整缝头。
如图所示，切割缝头毛头。	如图所示，拉缝头滚条。
如图所示，开衩处滚条顺势拉出，并将开衩和衣身缝头缝合固定。	如图所示，缝合开衩下口。

续　表

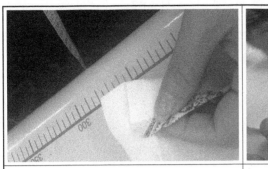

如图所示，修剪缝头。

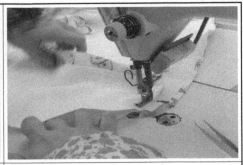

如图所示，缝合左右衣身和挂面的下摆净样线。

如图所示，缝合挂面和衣身，注意各个区域的松紧不同。

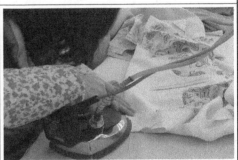

如图所示，扣烫里外匀。

2. 正装男外套做领缝制工艺

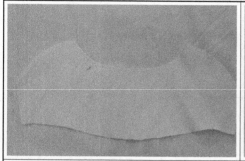

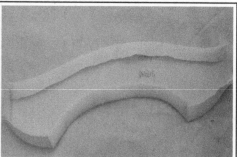

如图所示，领子的面料，领里。

如图所示，依据翻领净样板扣烫好翻领领面。

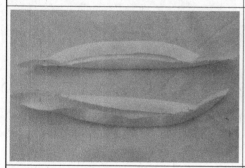

如图所示，整烫好的立领。

如图所示，领里放在下层，领面放在上层，正面与正面相叠，沿领止口净样线夹缉。

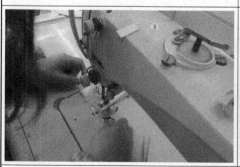

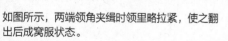

如图所示，两端领角夹缉时领里略拉紧，使之翻出后成窝服状态。

如图所示，将夹好的领面止口修剪成 0.3cm。

续 表

如图所示，领里止口修成 0.6cm。

如图所示，翻出后领面向领里坐进 0.15cm。

如图所示，熨烫领子并且烫平服，领角处熨烫时进行窝服处理。

如图所示，用锥子做好装领时的三刀眼对位记号。

如图所示，用剪刀剪好装领时的三刀眼对位记号。

如图所示，领子正面朝上，两层缝边对齐，缝缉时注意领底的三刀眼对准翻领相应部位。

续　表

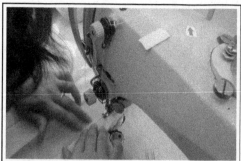

如图所示，在领座与翻领缝合处，翻领处车缝0.1cm。

如图所示，立领领座与翻领领座缝合，车缝0.1cm。

如图所示，将领座装饰带压缝在立领座上。

3. 正装男外套装领缝制工艺

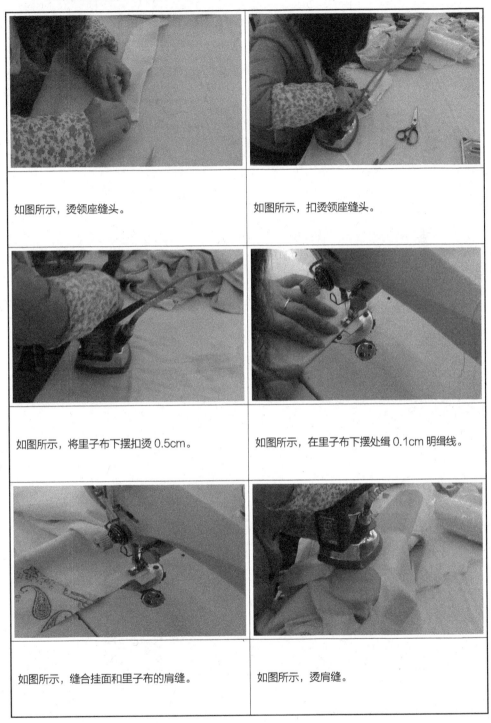

如图所示，烫领座缝头。	如图所示，扣烫领座缝头。
如图所示，将里子布下摆扣烫 0.5cm。	如图所示，在里子布下摆处缉 0.1cm 明缉线。
如图所示，缝合挂面和里子布的肩缝。	如图所示，烫肩缝。

续 表

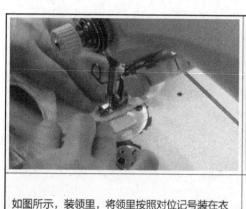

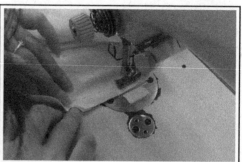

如图所示，装领里，将领里按照对位记号装在衣服大身上。

如图所示，沿着净样线装领里串口线。

如图所示，装领里后领口线时要对准后中心眼刀。

如图所示，装领面串口线。

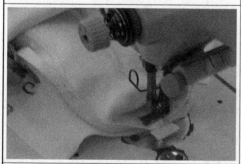

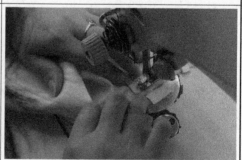

如图所示，装领面领口弧线。

如图所示，在里子布后中部位钉商标。

续 表

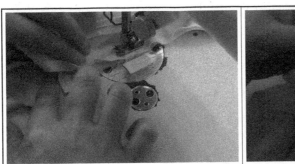

如图所示，将领面压在包装商标的后中处。

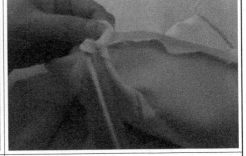

如图所示，装剪装领缝头。

如图所示，修剪装领缝头。

如图所示，熨烫装领缝头，将领里和衣身的缝头烫分开缝，将领面和挂面的缝头烫分开缝。

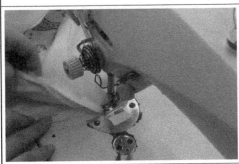

如图所示，缝合领面和领里的缝头。

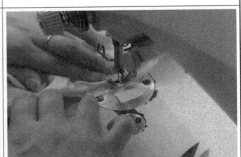

如图所示，将里料和面料的袖窿缝合在一起。

续　表

 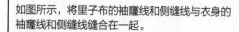	
如图所示，将里子布的袖窿线和侧缝线与衣身的袖窿线和侧缝线缝合在一起。	如图所示，烫装领线。
	如图所示，完成大衣身的缝制。

4. 正装男外套缝合袖片

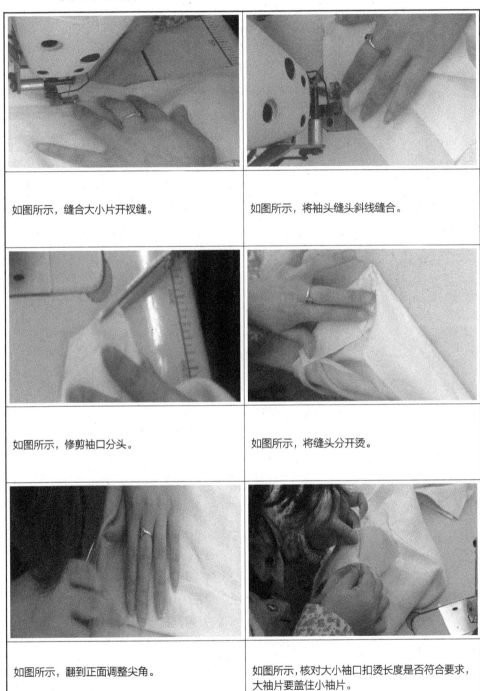

如图所示，缝合大小片开衩缝。	如图所示，将袖头缝头斜线缝合。
如图所示，修剪袖口分头。	如图所示，将缝头分开烫。
如图所示，翻到正面调整尖角。	如图所示，核对大小袖口扣烫长度是否符合要求，大袖片要盖住小袖片。

续　表

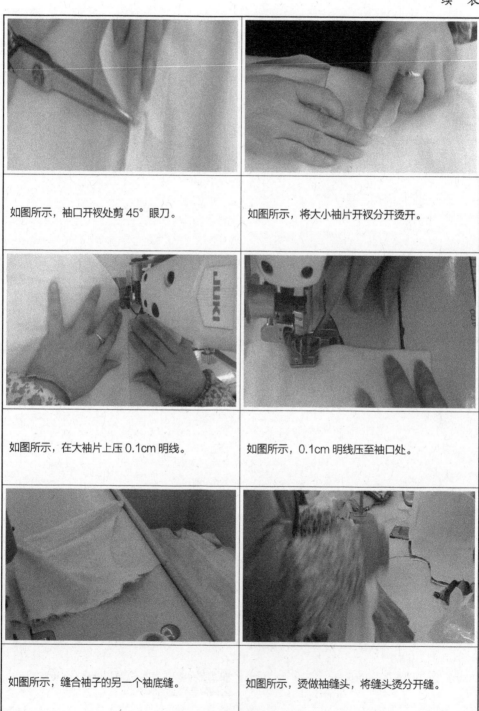

如图所示，袖口开衩处剪 45° 眼刀。	如图所示，将大小袖片开衩分开烫开。
如图所示，在大袖片上压 0.1cm 明线。	如图所示，0.1cm 明线压至袖口处。
如图所示，缝合袖子的另一个袖底缝。	如图所示，烫做袖缝头，将缝头烫分开缝。

续　表

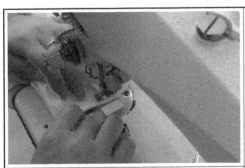 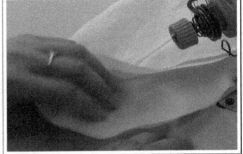

| 如图所示,将里子布袖子的袖口和面布袖子的袖口缝合在一起。 | 如图所示,将里子布袖子的袖口和面布袖子的袖口缝合在一起。 |

| 如图所示,抽一下袖山弧线。 | 如图所示,将吃势量按制版要求推到指定位置。 |

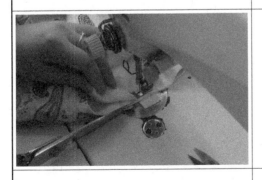 

| 如图所示,将袖子装到衣身上。 | 如图所示,完成男西服的缝制。 |